美国著名奥数教练蒂图·安德雷斯库系列丛书(第二辑)

107个几何问题：

来自AwesomeMath全年课程

107 Geometry Problems：From the AwesomeMath Year-Round Program

[美] 蒂图·安德雷斯库(Titu Andreescu)

[奥] 迈克尔·罗里内克(Michal Rolinek) 著

[捷克] 约瑟夫·提卡德尔科(Josef Tkadlec)

张鲁佳 译

哈尔滨工业大学出版社
HARBIN INSTITUTE OF TECHNOLOGY PRESS

黑版贸审字 08-2017-029 号

内 容 简 介

本书分为两大部分,理论部分和问题部分.在开篇的理论部分中,读者可以从中回顾和学习一些基本知识以及解题技巧.在问题部分中,作者从相对简单的竞赛题到高难度的奥林匹克竞赛题中精挑细选出一部分几何问题,不同风格与难度的例题和题目将经典几何的迷人之美展现的淋漓尽致,每一道题目都提供了详细的解法,将解题步骤的判断方法与思路传递给读者,并且很多题目都配有多种解法.

本书适合数学竞赛选手、教师及数学爱好者参考阅读.

图书在版编目(CIP)数据

107 个几何问题:来自 AwesomeMath 全年课程/(美)蒂图·安德雷斯库(Titu Andreescu),(奥)迈克尔·罗里内克(Michal Rolinek),(捷克)约瑟夫·提卡德尔科(Josef Tkadlec)著;张鲁佳译.—哈尔滨:哈尔滨工业大学出版社,2020.7(2025.3 重印)

书名原文:107 Geometry Problems:From the AwesomeMath Year-Round Program
ISBN 978-7-5603-8223-4

Ⅰ.①1… Ⅱ.①蒂… ②迈… ③约… ④张… Ⅲ.①几何-问题解答 Ⅳ.①O18-44

中国版本图书馆 CIP 数据核字(2019)第 088497 号

策划编辑 刘培杰 张永芹
责任编辑 张永芹 李 烨
封面设计 孙茵艾
出版发行 哈尔滨工业大学出版社
社 址 哈尔滨市南岗区复华四道街 10 号 邮编 150006
传 真 0451-86414749
网 址 http://hitpress.hit.edu.cn
印 刷 哈尔滨久利印刷有限公司
开 本 787mm×1092mm 1/16 印张 14 字数 243 千字
版 次 2020 年 7 月第 1 版 2025 年 3 月第 3 次印刷
书 号 ISBN 978-7-5603-8223-4
定 价 58.00 元

(如因印装质量问题影响阅读,我社负责调换)

美国著名奥数教练蒂图·安德雷斯库

前　言

  本书是《106个几何问题:来自AwesomeMath夏季课程》的续篇，书中问题来自美国乃至全球的顶尖初高中学生们进行训练和测试的AwesomeMath全年课程.

  在开篇的理论部分，我们先带读者一起回顾了一些基本知识，熟悉一些更高难度的解题技巧，然后再进展到主要部分，即题目与讲解. 从相对简单的AMC/AIME（全美数学竞赛/美国数学邀请赛）到高难度的IMO（国际数学奥林匹克）竞赛题，我们从大量不同风格与难度的题目中精挑细选，经过多方面的努力终于使得本书编制成册.在来自全球不胜枚举的奥林匹克题目中，我们选取了那些最能展现出所用技巧及其应用方法的例子.这些题目满足了我们近乎苛刻的要求，将经典几何的迷人之美展现得淋漓尽致.我们为每一个题目都提供了详细的解法，并致力于把关于解题步骤的判断方法与思路传递给读者，很多题目都配有多种解法.

  作为教练和曾经的参赛者，我们凭借经验相信保持图形简洁是解题的制胜法宝，所以本书中的图形不带有任何多余的部分，但依然强调了关键要素，并且选取的位置也更有助于完成题目.在很多情况下，只有观察图形才能找到证明方法.

  在理论部分，我们介绍了三角形几何中的一些高等定理并延伸到诸如位似、旋转相似和反演等变换理论，并且通过应用这些理论，展现出动态几何思维的效果.

  只有熟练应用基本原理才能够真正精通几何，因此我们避免了使用诸如复数、向量或重心坐标等分析计算方法.

  尽管本书面向的主要读者是初高中学生及他们的老师，但是我们仍然邀请每一位对欧氏几何或者趣味数学感兴趣的您加入到这段几何世界的旅程中.

  最后，我们对理查德·斯通 (Richard Stong) 与科斯明·波霍亚塔 (Cosmin Pohoata) 表示由衷的感谢，他们为本书的完稿提供了非常宝贵的意见和建议.

  衷心希望您有一个愉快的阅读体验.

缩写与符号

几何符号

$\angle BAC$	以 A 为顶点的凸角
$\angle(p, q)$	直线 p 与 q 之间的有向角
$\angle BAC \equiv \angle B'AC'$	角 BAC 与角 $B'AC'$ 重合
AB	经过点 A 与点 B 的直线，点 A 与点 B 之间的距离
$\overline{AB}$	从点 A 到点 B 的有向线段
$X \in AB$	点 X 在直线 AB 上
$X = AC \cap BD$	点 X 是直线 AC 与 BD 的交点
$\triangle ABC$	三角形 ABC
$[ABC]$	$\triangle ABC$ 的面积
$[A_1 \cdots A_n]$	多边形 $A_1 \cdots A_n$ 的面积
$AB // CD$	直线 AB 与 CD 平行
$AB \perp CD$	直线 AB 与 CD 垂直
$p(X, \omega)$	点 X 到圆 ω 的幂
$\triangle ABC \cong \triangle DEF$	三角形 ABC 与三角形 DEF 全等（依对应顶点顺序）
$\triangle ABC \backsim \triangle DEF$	三角形 ABC 与三角形 DEF 相似（依对应顶点顺序）
$\mathcal{H}(H, k)$	以 H 为中心、相似比为 k 的位似变换
$\mathcal{S}(S, k, \varphi)$	以 S 为中心、伸缩比为 k、旋转角为 φ 的旋转相似变换

三角形标记

a，b，c	$\triangle ABC$的边或边长
$\angle A$，$\angle B$，$\angle C$	$\triangle ABC$中以A，B，C 为顶点的角
s	半周长
x，y，z	表达式$\frac{1}{2}(b+c-a)$，$\frac{1}{2}(c+a-b)$，$\frac{1}{2}(a+b-c)$
r	内径
R	外径
K	面积
h_a，h_b，h_c	$\triangle ABC$的高
m_a，m_b，m_c	$\triangle ABC$的中线
l_a，l_b，l_c	$\triangle ABC$的角平分线（线段）
r_a，r_b，r_c	$\triangle ABC$的旁切圆半径

缩　　写

AMC10	10年级组全美数学竞赛
AMC12	12年级组全美数学竞赛
AIME	美国数学邀请赛
USAMTS	美国数学天才选拔赛
USAJMO	美国少年数学奥林匹克竞赛
USAMO	美国数学奥林匹克竞赛
USA TST	美国数学奥林匹克国家队选拔赛
MEMO	中欧数学奥林匹克竞赛
IMO	国际数学奥林匹克竞赛
Putnam	普特南数学竞赛

目　　录

第1章 几何中的高等理论

1.1 基本方法回顾

让我们通过回顾一些基本的事实和技巧来开启本章内容. 由于本章所列举的命题与定理并不是学习后文所必备的基础, 因此如果您在阅读过程中偶尔发现某个知识点自己之前并不知道, 也不要放弃学习本书. 另外, 为了达到最好的学习效果, 我们强烈推荐您充分掌握这里介绍的知识, 关于这些命题及其证明过程（以及更多相关内容）的详细阐述, 参见本书的前篇《106 个几何问题：来自AwesomeMath夏季课程》.

三角形五心

命题1.1. (外心)在△ABC中, AB, BC和CA的中垂线交于一点, 称此点为△ABC的外心（图1.1.1 (1)）, 通常用O表示, 它是△ABC外接圆的圆心.

命题1.2. (内心)在△ABC中, 内角角平分线交于一点, 称此点为△ABC 的内心（图1.1.1 (2)）, 通常用I表示, 它是△ABC 内切圆的圆心.

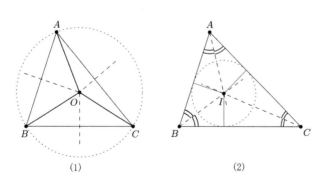

(1)　　　　　　　　　　(2)

图 1.1.1

命题1.3. (垂心)在△ABC中，三条高相交于一点，称此点为△ABC的垂心（图1.1.2（1）），通常用H表示.

命题1.4. (重心)在△ABC 中，三条中线交于一点，称此点为△ABC 的重心（图1.1.2（2）），通常用G 表示.

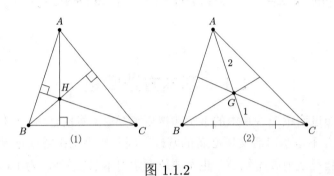

图 1.1.2

命题1.5. (旁心)在△ABC 中，∠A的内角平分线与∠B，∠C的外角平分线交于一点，称此点为△ABC 的A-旁心，通常用I_a表示，它是A-旁切圆（与BC以及AB，AC的延长线都相切）的圆心.相似地，我们也可得到I_b 和I_c的定义（图1.1.3）.

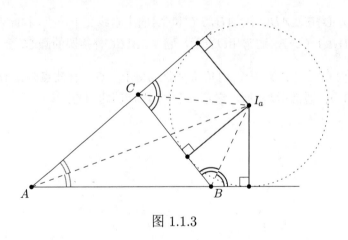

图 1.1.3

度量关系

命题1.6. (切线长相等)圆ω 的两条切线相交于点A，B，C分别表示两个切点，则$AB = AC$（图1.1.4）.

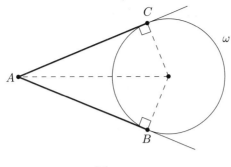

图 1.1.4

为了介绍接下来的两个命题，我们将标准xyz表示法引入到$\triangle ABC$中，其中，s表示三角形的半周长，得

$$x = s - a = \frac{1}{2}(b + c - a)$$

$$y = s - b = \frac{1}{2}(c + a - b)$$

$$z = s - c = \frac{1}{2}(a + b - c)$$

命题1.7. (切点) 如图1.1.5，$\triangle ABC$的半周长为s，D，E和F分别为内切圆与边BC，CA和AB 的切点，K，L和M分别为A-旁切圆与BC，CA 和AB 的切点，则以下结论成立：

(a) $AE = AF = x$，$BD = BF = y$，$CD = CE = z$；

(b) $AL = AM = s$；

(c) 点K与点D关于BC的中点对称.

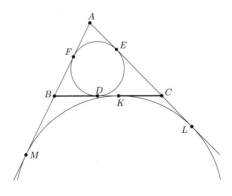

图 1.1.5

命题1.8. (*xyz*公式) 在△*ABC* 中，可用xyz表示面积K，内径r 和外径R，即

$$K = \sqrt{(x+y+z)xyz}$$

$$r = \sqrt{\frac{xyz}{x+y+z}}$$

$$R = \frac{(y+z)(z+x)(x+y)}{4\sqrt{xyz(x+y+z)}}$$

定理1.9. (扩展的正弦定理) 在△*ABC*中

$$\frac{a}{\sin\angle A} = \frac{b}{\sin\angle B} = \frac{c}{\sin\angle C} = 2R$$

其中，R为△*ABC*的外径.

定理1.10. (角平分线定理) 在△*ABC*中，*AD*为内角平分线，$D \in BC$，则

$$\frac{BD}{CD} = \frac{c}{b}, \quad BD = \frac{ac}{b+c}, \quad CD = \frac{ab}{b+c}$$

定理1.11. (余弦定理) 在△*ABC* 中

$$a^2 = b^2 + c^2 - 2bc\cos\angle A$$

圆与切线

定理1.12. (圆周角定理)点O 为圆ω的圆心，BC 为圆ω 的弦，点A在圆上且不与点B，C 重合，则$\overgroup{BC}$ 对应的圆周角$\angle BAC$为其对应圆心角的一半(图1.1.6).

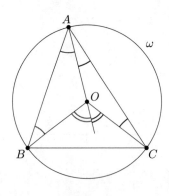

图 1.1.6

内接于一个圆的四边形被称为圆内接四边形，在追角法的应用中，它起到了至关重要的作用.

命题1.13. (圆内接四边形的主要特性)如图1.1.7，在凸四边形$ABCD$中：

(a) 若四边形$ABCD$为圆内接四边形，则其任意边与其余两个顶点呈相等的视角，且任意对角线与其余两个顶点所呈视角之和为180°（即任意两个对角互补）.

(b) 若四边形$ABCD$的一条边与其余两个顶点呈相等的视角，则$ABCD$为圆内接四边形.

(c) 若四边形$ABCD$的一条对角线与其余两个顶点所呈的视角互补，即对角互补，则$ABCD$为圆内接四边形.

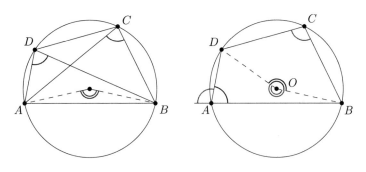

图 1.1.7

推论1.14. (弦与割线的夹角)如图1.1.8，$ABCD$ 为圆ω 的内接四边形，P 为其对角线交点.假设射线BA与CD相交于R，β和δ 分别表示$\overset{\frown}{AB}$（不含点A）和$\overset{\frown}{DA}$（不含点B）对应的圆周角，则：

(a) $\angle BPC = \beta + \delta$;

(b) $\angle BRC = \beta - \delta$.

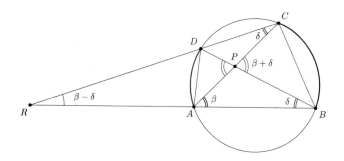

图 1.1.8

命题1.15. (弦切角) $\triangle ABC$内接于圆ω，直线l经过点A，且不与AB重合.L为l上一点，且满足C与L在AB的两侧，则当且仅当$\angle LAB = \angle ACB$时，AL为圆ω 的切线（图1.1.9）.

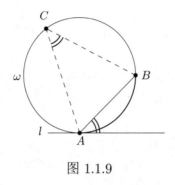

图 1.1.9

逆平行线

如图1.1.10，已知直线n，l 和m，l与m 都不平行于n，l'为直线l 关于n 的镜射.如果l'平行于m，那么我们说l 与m 关于n逆平行.请注意，以下叙述的内容都是成立的：

(a) 若直线l 逆平行于直线m，则它逆平行于所有m的平行线;
(b) （对称性）若直线l逆平行于直线m，则直线m也逆平行于直线l;
(c) 已知直线n及一组互相平行的平行线，则与这组平行线关于n逆平行的直线也组成了一组平行线.

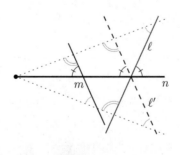

图 1.1.10

命题1.16. 如图1.1.11，直线m与$\angle AOB$的两边射线OA和OB分别相交于互异的点X和Y.直线$l(l \neq m)$与$\angle AOB$的两边OA和OB分别相交于点P 和Q（不一定是

互异的点），则当且仅当以下条件之一成立时，ℓ与m关于$\angle AOB$的角平分线逆平行.

(a) 点X，Y，P和Q（两两互异）共圆；

(b) 当$X = P$（或$Y = Q$）时，直线OA与$\triangle XYQ$（或$\triangle XYP$）的外接圆相切；

(c) 当ℓ经过点O时，直线ℓ与$\triangle XYO$的外接圆相切（图1.1.12）.

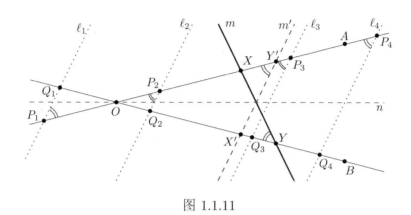

图 1.1.11

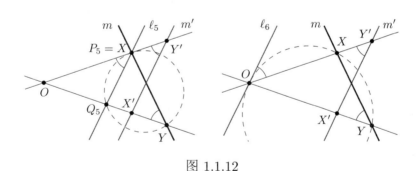

图 1.1.12

　　既然逆平行关系通常都是关于某角的角平分线定义的，那么在这些情况下我们就称这些直线关于角逆平行. "两条逆平行的直线都经过某角的顶点"是我们特别感兴趣的一种情况，我们称这样的直线是等角的. 有一对等角线值得在这里特别强调一下.

命题1.17. (*HO*相伴)在$\triangle ABC$中，每一个顶角（即$\angle A$，$\angle B$和$\angle C$）中，都有等角线分别经过点H（垂心）和点O（外心）.

有向角 mod[①] $180°$

我们可以把相交于点O的直线l与m之间的角度值看作区间$[0,180)$里的一个数字,它描述了直线l绕点O逆时针旋转到直线m的位置所转过的角度.这个角度值被称为角的有向值,并用$\angle(l,m)$表示.请注意,括号里字母的顺序很重要.事实上,$\angle(l,m) + \angle(m,l) = 180°$.在本书中,这种表示法是用来简化追角法推导过程的一枚利器.

命题1.18. 如图1.1.13.

(a) 考虑 mod $180°$时,$\angle(l,m) + \angle(m,n) = \angle(l,n)$.

(b) 对任意点P,当且仅当点A,B与C以某种顺序共线时,$\angle(PA,AB) = \angle(PA,AC)$.

(c) 当且仅当点A,B,C和D以某种顺序共圆时,$\angle(AC,CB) = \angle(AD,DB)$.

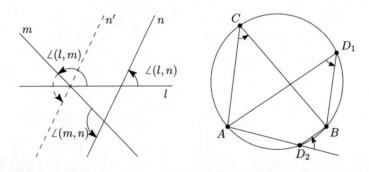

图 1.1.13

点到圆的幂

命题1.19. 如图1.1.14.

(a) 在凸四边形$ABCD$中,$P = AC \cap BD$,则当且仅当

$$PC \cdot PA = PB \cdot PD$$

时,点A,B,C,D共圆.

(b) 在凸四边形$ABCD$中,$P = AB \cap CD$,则当且仅当

$$PA \cdot PB = PC \cdot PD$$

时,点A,B,C,D共圆.

---

① 这意味着我们将与已知数值除以180后得到的余数打交道,以200°为例,我们将处理的值为20°.

(c) 假设点P，B，C共线并依次排列，点A不在此直线上，则当且仅当

$$PA^2 = PB \cdot PC$$

时，直线PA与$\triangle ABC$的外接圆相切.

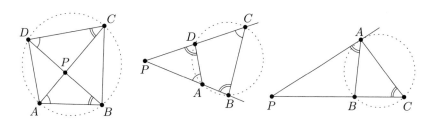

图 1.1.14

定理1.20. (点到圆的幂)已知点P和圆ω，ℓ为任意通过点P 的直线，并与ω相交于点A和B，则$PA \cdot PB$的值与ℓ 的选取无关，并且，若P在圆ω外，直线PT与圆ω相切于T，则$PA \cdot PB = PT^2$.

如果用O表示ω的圆心、R表示半径，那么$PA \cdot PB = |OP^2 - R^2|$，$p(P, \omega) = OP^2 - R^2$的值称为点$P$到圆$\omega$的幂.

请注意，当点P在圆ω内时，$p(P, \omega)$为负值；当点P在圆ω上时，$p(P, \omega)$为零；当点P在圆ω外时，$p(P, \omega)$为正值.

命题1.21. (根轴)圆ω_1，圆ω_2的圆心分别为互异的两点O_1，O_2，半径分别为R_1，R_2，则满足$p(X, \omega_1) = p(X, \omega_2)$ 的X 的轨迹是一条垂直于O_1O_2的直线. 这条线被称为这两个圆的根轴或等幂轴（图1.1.15）.

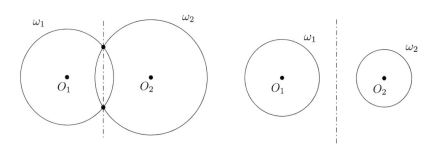

图 1.1.15

在解决涉及两圆相交的问题时，很多情况下根轴使用是十分强大的工具，因为在这种情况下，两圆交点到两圆的幂相等（均为零），于是两个交点的连线就是根轴.

命题1.22. (根心) 圆ω_1，圆ω_2和圆ω_3的圆心互不重合，则每两个圆之间的根轴（共三条）或相互平行，或交于一点，交点被称为三个圆的根心（图1.1.16（1））.

命题1.23. (根引理) 直线ℓ为圆ω_1和圆ω_2的根轴. A，D为圆ω_1上互异的两点，B，C为圆ω_2上互异的两点，且满足直线AD不与BC平行，则当且仅当$ABCD$为圆内接四边形时，直线AD与BC的交点在直线ℓ上（图1.1.16（2））.

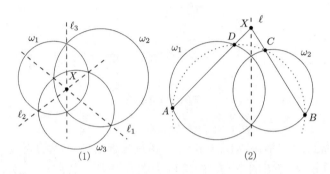

图 1.1.16

定理1.24. (梅涅劳斯[①]定理)如图1.1.17，点D，E，F分别落在$\triangle ABC$的三边BC，CA，AB所在直线上，且满足其中两个点或没有点落在三角形的边上，则当且仅当

$$\frac{BD}{DC} \cdot \frac{CE}{EA} \cdot \frac{AF}{FB} = 1$$

时，点D，E，F共线.

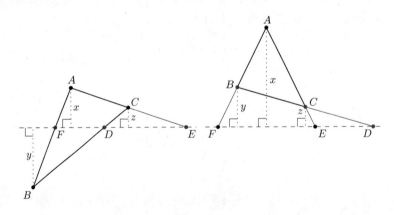

图 1.1.17

三角形顶点与其对边上一点组成的线段被称为塞瓦线.

① 梅涅劳斯(Menelaus of Alexandria)，希腊数学家、天文学家.

定理1.25. (塞瓦[①]定理) 如图1.1.18（1），在△ABC中，P，Q，R分别为边BC，CA，AB上的点，则当且仅当

$$\frac{BP}{PC} \cdot \frac{CQ}{QA} \cdot \frac{AR}{RB} = 1$$

时，直线AP，BQ，CR交于一点.

定理1.26. (等角共轭的存在) 如图1.1.18（2），设塞瓦线AP，BQ和CR相交于点X. 分别作AP，BQ，CR 的等角线AP'，BQ'，CR'，则AP'，BQ'，CR'也交于一点，称交点为X的等角共轭点.

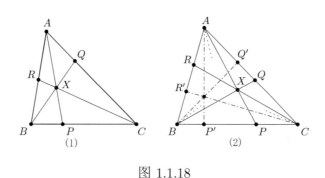

图 1.1.18

有向线段

我们用$\overrightarrow{AB}$表示一条由A指向B的有向线段.

有向线段的重要性质是，同一条直线上的两个有向线段的比例或乘积是带有正负的：当两条有向线段同向时，结果为正，否则为负. 通过这个逻辑，可知

$$\overrightarrow{AB} = -\overrightarrow{BA}$$

1.2 位似变换

在日常生活中我们都有过这样的经验：对准一个点，然后移动镜头，通过镜头看到的物体只有尺寸在变，但形状不会改变.在本节中我们就来介绍这种缩放现象背后蕴含的数学原理，并揭示它更深层次的性质.

已知点H和常数k（k不等于0或1），以点H为相似（位似）中心、以k为相似（位似）比的位似就是将点A依照以下条件投射到点A'的平面变换：

---

① 塞瓦（Giovanni Ceva），1647—1734，意大利数学家.

(a) 点H,A与A'共线.

(b) $\overline{HA'} = k \cdot \overline{HA}$.

我们用$\mathcal{H}(H,k)$来表示这样的位似变换.

如果不使用有向线段,可以这样表述(b)部分的内容:当$k > 0$时,射线HA与HA'重合;当$k < 0$时,二者方向相反.

显而易见,当取$k = -1$时,这个变换就是关于点的镜射(图1.2.1).

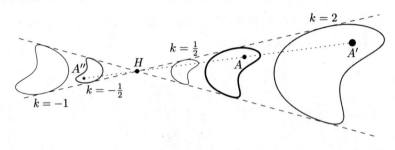

图 1.2.1

命题1.27. 如图1.2.2,$\mathcal{H}(H,k)$为一个位似变换,点A,B,C互异且不共线,它们位似变换后的像分别为点A',B',C'. 则:

(a) 直线$A'B'$与AB平行,并且$A'B' = k \cdot AB$.

(b) 位似变换保留了原有角度与比例,换句话说,$\angle A'B'C' = \angle ABC$,并且

$$\frac{A'B'}{B'C'} = \frac{AB}{BC}$$

证明 (a) 当点H,A,B共线时,本命题自然是成立的.

若点H,A,B不共线,由于$HA' = k \cdot HA$,$HB' = k \cdot HB$,并且$\angle A'HB' = \angle AHB$,因此根据边角边判定可得$\triangle AHB \backsim \triangle A'HB'$,且相似比为$k$.因此$AB /\!/ A'B'$,$A'B' = k \cdot AB$.

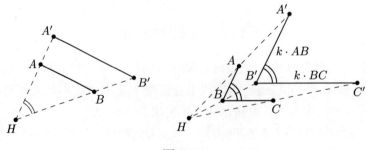

图 1.2.2

(b) 由$A'B'/\!/AB$，$B'C'/\!/BC$可得，$\angle A'B'C' = \angle ABC$，并且

$$\frac{A'B'}{B'C'} = \frac{k \cdot AB}{k \cdot BC} = \frac{AB}{BC}$$

于是命题第二部分得证.

以上我们证明了位似变换保留了原有角度、比例和延展方向，于是我们可以说位似变换所成的像与原图形相似，并且具有相同的延展方向（具体细节留给读者完成证明）. 特别地，有：

(a) 直线的像是与其平行的直线.

(b) 三角形的像是与其相似的三角形，并且对应边都互相平行.

(c) 圆的像是圆.

命题1.28. 如图1.2.3.

(a) 已知两条平行线段AB与$A'B'$长度不同，则存在唯一的位似变换将点A映射到点A'，并且将点B映射到点B'.

(b) $\triangle ABC$与$\triangle A'B'C'$不全等，并且对应边都互相平行，则存在唯一的位似变换将$\triangle ABC$映射到$\triangle A'B'C'$，进而有直线AA'，BB'，CC'共点.

证明 (a) 首先注意到，满足条件的位似中心将位于直线AA'和BB'上，于是设这两条直线的交点为H.

由角角判定得到$\triangle HAB$与$\triangle HA'B'$相似，因此$HA'/HA = HB'/HB$，并且$\mathcal{H}(H, HA'/HA)$为满足条件的位似变换.

所有点都共线的情况留给读者作为"乏味"的代数练习来完成.

(b) 用点H表示将AB映射到$A'B'$的位似变换的中心.

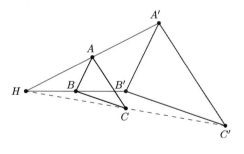

图 1.2.3

这个位似变换将$\triangle ABC$映射为$\triangle A'B'X$. 因为$\triangle A'B'X$和$\triangle A'B'C'$都相似于$\triangle ABC$，并且方向相同，所以事实上二者是完全相同的，因此点H，C和C'共线.

请牢记位似的这些性质，接下来我们将用它们完成一些相关的例题.

例题1.1. (国际城市数学竞赛1984)如图1.2.4，已知正方形$ABCD$中有一点P. 求证：$\triangle ABP$，$\triangle BCP$，$\triangle CDP$，$\triangle DAP$的重心组成一个正方形.

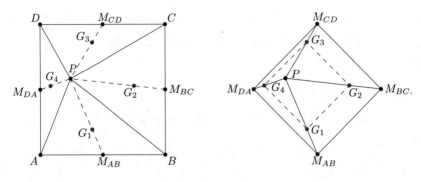

图 1.2.4

证明 设四个重心分别为点G_1，G_2，G_3，G_4，并且正方形$ABCD$四个边的中点分别为M_{AB}，M_{BC}，M_{CD}，M_{DA}.

因为三角形的重心把中线划分为2：1的两部分，所以位似变换$\mathcal{H}(P, \frac{2}{3})$把四边形$M_{AB}M_{BC}M_{CD}M_{DA}$投射为四边形$G_1G_2G_3G_4$.

由于$M_{AB}M_{BC}M_{CD}M_{DA}$是正方形，因此$G_1G_2G_3G_4$也是正方形.

例题1.2. 如图1.2.5，在梯形$ABCD$中，$AB//CD$，点E为对角线的交点.在梯形外侧构造正三角形$\triangle ABF$和$\triangle CDG$. 求证：点E，F，G共线.

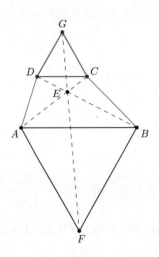

图 1.2.5

证明 因为△ABF与△CDG相似，并且对应边都互相平行，所以存在一个位似变换ℋ 将△ABF投射为△CDG. 于是由命题1.28(b)可得，直线AC，BD，FG相交于位似中心，也就是说，点E位于直线FG上.

下面的这道例题揭示了一个三角形几何中的重要事实.

例题1.3. (欧拉[①]线) 如图1.2.6所示，△ABC 为非正三角形，点H，G 和O 分别为它的垂心、重心和外心. 则点H，G和O 依此顺序排列于一条直线上（称为△ABC的欧拉线），并且HG = 2GO.

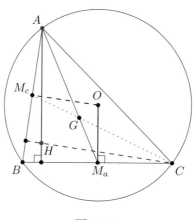

图 1.2.6

证明 分别用M_a，M_c表示边BC，AB的中点，并考虑位似变换ℋ(G, −2).

因为重心将中线分割为2:1的两部分，点M_a在位似变换ℋ下的像是点A. 此外，由于每个位似变换都把直线映射成它的一条平行线，于是位似变换ℋ把中垂线OM_a映射到△ABC中以A为顶点的高上.

通过完全相同的方法，我们得到，位似变换ℋ 把直线OM_c映射为以C为顶点的高上. 因此，它把直线OM_a与OM_c的交点（也就是点O）投射到以A为顶点的高与以C为顶点的高的交点（也就是点H）.

由此可得，点O，G，H共线，并满足

$$\overline{GH} = -2\overline{GO}$$

在解决圆的问题时，尤其在两圆相切的情况下，位似变换也是一个功能非常强大的工具.

---

① 欧拉（Leonhard Euler），1707—1783，瑞士数学家、物理学家.

命题1.29. 如图1.2.7，圆ω_1，ω_2分别为以点O_1，O_2为圆心，并且半径不相同（分别为r_1，r_2）的两个圆.

(a) 存在两个位似变换可以将圆ω_1映射到圆ω_2，其中一个（称其为$\mathcal{H}^+$）的位似比为正，另一个（称其为$\mathcal{H}^-$）的位似比为负.

(b) 如果圆ω_1与ω_2有外公切线，并且外公切线相交于点H^+，则点H^+为位似变换$\mathcal{H}^+$的位似中心. 相似地，如果圆ω_1与ω_2有内公切线且内公切线相交于点H^-，则点H^-是位似变换$\mathcal{H}^-$的位似中心.

(c) 如果圆ω_1与ω_2内切于点T，则点T为位似变换$\mathcal{H}^+$的位似中心. 如果两圆外切于点T，则点T为位似变换$\mathcal{H}^-$的位似中心.

证明 (a) 设AB和$A'B'$分别为圆ω_1和ω_2的一条直径，并且互相平行.

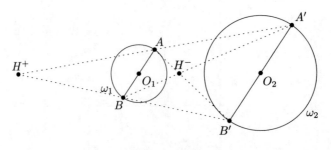

图 1.2.7

由命题1.28(b)可知，存在唯一的位似变换将点A映射到点A'，并将点B映射到点B'；同时，也存在唯一的位似变换将点A映射到点B'，并将点B映射到点A'. 这两个位似变换都将圆ω_1映射为以点O_2为圆心、以O_2A'为半径的圆，而这个圆正是ω_2（图1.2.8）.

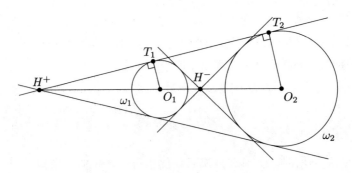

图 1.2.8

(b) 只需证明点H^+在直线O_1O_2上，并且

$$\frac{H^+O_2}{H^+O_1} = \frac{r_2}{r_1}$$

由对称性很明显可以得到前者. 设一条外公切线与圆ω_1，ω_2的切点分别为T_1，T_2，则由角角判定可得$\triangle H^+O_1T_1 \backsim \triangle H^+O_2T_2$，于是

$$\frac{H^+O_2}{H^+O_1} = \frac{T_2O_2}{T_1O_1} = \frac{r_2}{r_1}$$

由此后者得证.

用相似的方法可以完成H^-对应情况的证明.

(c) 最后，如果两圆相切于点T，则只需证明$\dfrac{TO_2}{TO_1} = \dfrac{r_2}{r_1}$，而因为$TO_2 = r_2$，$TO_1 = r_1$，这是显而易见的，于是命题得证.

例题1.4. 如图1.2.9，圆ω_1与ω_2内切于点T，ω_1的弦AB与ω_2相切于点D. 求证：TD为$\angle ATB$的角平分线.

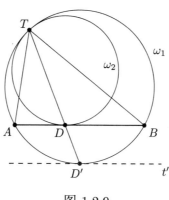

图 1.2.9

证明 延长TD并与圆ω_1二次相交于点D'.

因为在把圆ω_2映射到ω_1的位似变换中，点T是位似中心，所以点D'是点D的像，并且与圆ω_1相切于点D'的切线t'，平行于AB（与圆ω_2相切于点D的切线）. 这意味着，D'为$\overset{\frown}{AB}$（不含点T）的中点，于是$\overset{\frown}{AD'}$与$\overset{\frown}{D'B}$相等，进而它们对应的圆周角$\angle ATD'$与$\angle D'TB$也相等. 因此结论得证.

例题1.5. 如图1.2.10，t为一条直线，圆ω_1，ω_2位于直线t的同侧，并与t分别相切于点T，U. 圆ω不与t相交，并分别与ω_1，ω_2相切于点K，L. 求证：TK，UL和圆ω经过同一点.

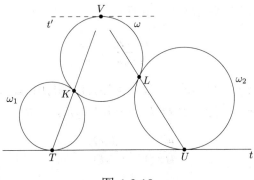

图 1.2.10

证明 用t'表示与圆ω相切并平行于t的直线,满足圆ω位于直线t与t'之间,设t'与ω的切点为V.

以K为中心的位似变换$\mathcal{H}_1$将圆ω_1映射到圆ω,于是,它也将直线t映射到t',并将点T映射到V.因此,点T,K和V共线.

同理,以L为中心的位似变换$\mathcal{H}_2$将圆ω_2映射到圆ω,将直线t映射到t',并将点U映射到V.于是,点U,L和V共线.

由此,命题得证.

在以上这道例题中,如果我们不失一般性地将直线t水平放置,并把圆ω_1,ω_2放置在它"上方",那么它的结论是非常明显的.而证明过程事实上是在说位似比是负数的位似变换将"底部"的点映射到了"顶部",反之亦然.认识到这一点后,下面的这个命题就变得水到渠成了!

命题1.30. 如图1.2.11,在$\triangle ABC$中,内切圆ω,A-旁切圆 ω_a 分别与边BC相切于点D,E. K 为内切圆上一点,满足KD为ω的直径,则点A,K,E在一条直线上.

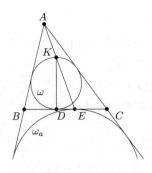

图 1.2.11

证明 我们将BC水平放置,并且点A在它的"上方",则点E为圆ω_a的"顶部点",点K作为点D的对径点,是圆ω的"顶部点". 因此在将ω投射到ω_a的正位似变换中,这两个点是相互对应的. 由命题1.29可知,位似中心为点A,因此点A,K,E共线.

下面的两个例题略有挑战性.

例题1.6. (IMO 2005 预选题)如图1.2.12,在$\triangle ABC$中, $AC + BC = 3 \cdot AB$,内切圆圆心为I,并分别与边BC和CA相切于点D和E. 设点D和E关于点I的镜射分别为K和L. 求证:点A,B,K,L共圆.

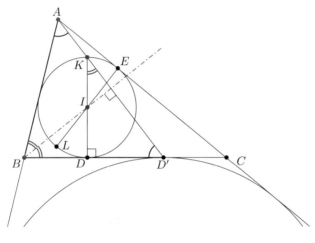

图 1.2.12

证明 通过命题1.7(a),可将已知条件重写为$AB = \dfrac{1}{2}(AC + BC - AB) = DC = EC$.

设A-旁切圆与边BC的切点为D'.

由命题1.7(c)可得, $BD' = DC$,因此$\triangle ABD'$为等腰三角形,并且$AD' \perp BI$.

此外,由命题1.30可知,点A,K,D'共线,因此由追角法可得

$$\angle DKD' = 90° - \angle KD'B = \angle D'BI = \angle IBA$$

于是,四边形$ABIK$为圆内接四边形.

同理可得,四边形$ABLI$为圆内接四边形.因此,点A,B,K,L共圆.

例题1.7. (USA TST 2010)如图1.2.13,在$\triangle ABC$中,点M和N分别为边AC和BC上的点,并且满足$MN//AB$;点P和Q分别为边AB和CB上的点,并且满足$PQ//$

AC. $\triangle CMN$ 的内切圆与线段AC相切于点E，$\triangle BPQ$的内切圆与线段AB相切于点F. 直线EN与AB相交于点R，直线FQ 与AC 相交于点S. 已知$AE = AF$，求证：$\triangle AEF$的内心位于$\triangle ARS$的内切圆上.

证明 将BC水平放置.

由$AE = AF$可知，存在一个圆ω分别与AB，AC相切于点F，E. 我们断言ω实际上就是$\triangle ARS$ 的内切圆.

设$\triangle BPQ$，$\triangle CMN$的内切圆的"底部点"分别为F_1，E_1，圆ω的"底部点"为D.

图 1.2.13

考虑以点F为位似中心，并且将$\triangle BPQ$的内切圆映射到圆ω的位似变换$\mathcal{H}$. 显然，位似变换$\mathcal{H}$也将线段PQ映射到AS，将点F_1映射到D. 于是，它将线段F_1Q映射到DS，从而得到DS与圆ω相切.

类似地可以得到：RD与圆ω相切，即圆ω实际上是$\triangle ARS$的内切圆.

接下来要做的就是采用追角法了. 关注$\triangle ARS$，设它的内心为I，圆ω与线段AI的交点为J. 而我们想要证明的是：点J 是$\triangle AEF$的内心(图1.2.14).

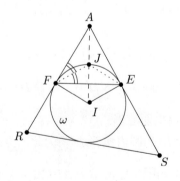

图 1.2.14

一个行得通的思路是：通过对称性，AJ平分$\angle FAE$，且$JF = JE$. 结合相切可得$\angle EFJ = \angle JEF = \angle JFA$，因此，$FJ$平分$\angle EFA$. 由此可完成证明.

多重位似变换

在熟识了位似变换之后，是时候来讨论下如果进行一次位似变换后，再进行一次位似变换会有怎样的结果了.

如果这两个位似变换共享同一个中心，结果显然是具有相同中心的位似.如果它们的中心不同，问题将变得更加有趣. 通常情况下，结果仍将是一个位似变换，而且它的位似中心将位于两个"部分"位似变换中心的连线上.这就是接下来这个引理的内容，在本部分后面的内容里我们将大量使用这个引理.

引理1.31. 如图1.2.15，设$\mathcal{H}_1(H_1, k_1)$，$\mathcal{H}_2(H_2, k_2)$为两个位似变换，满足$H_1 \neq H_2$，并且$k_1 k_2 \neq 1$. 将二者合成（即先对平面进行位似变换$\mathcal{H}_1$，接着对变换的结果进行位似变换$\mathcal{H}_2$）得到的也是一个位似变换，并且其位似中心在直线$H_1 H_2$上.

证明 当我们明确要证明什么，问题就不再难了.

设AB为一条固定的线段，假设位似变换$\mathcal{H}_1$将它映射为线段$A'B'$，接下来$\mathcal{H}_2$进一步将它映射为$A''B''$.

因为$\mathcal{H}_2$与$\mathcal{H}_1$都是位似变换，所以我们得到

$$A''B'' // A'B' // AB, \quad A''B'' = k_2 \cdot A'B' = (k_1 k_2) \cdot AB$$

由于$k_1 k_2 \neq 1$，因此线段AB与$A''B''$平行并且不等长.于是由命题1.28(a)可得，存在一个位似变换$\mathcal{H}(H, k)$将线段AB映射到$A''B''$.

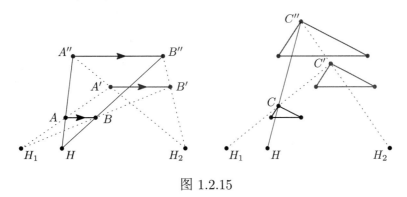

图 1.2.15

接下来我们来证明$\mathcal{H}$事实上对平面上的每个点都有效. 取任意点C，C'为C经过位似变换$\mathcal{H}_1$后得到的像，C''为C'经过位似变换$\mathcal{H}_2$后得到的像，则$\triangle ABC$，$\triangle A'B'C'$和$\triangle A''B''C''$两两相似，并且对应边都互相平行.因此，$\mathcal{H}$不仅把线

段AB映射到线段$A''B''$，而且也把点C映射到点C''. 所以，位似变换$\mathcal{H}_1$与$\mathcal{H}_2$的结合就是位似变换$\mathcal{H}$.

至于$\mathcal{H}$的位似中心，观察可知，（如图1.2.16）在$\mathcal{H}_1$中，中心点H_1是固定的点，经过位似变换$\mathcal{H}_2$所成的像在直线H_1H_2上.因此，位似变化$\mathcal{H}$的中心也在直线H_1H_2上. 由此，引理证明完毕.

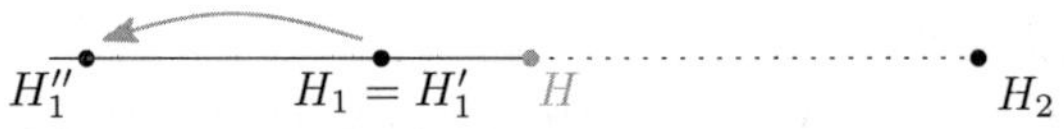

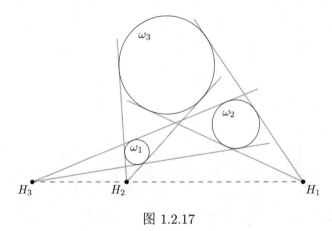

图 1.2.16

这里，我们鼓励读者进行以下的验证：在引理的相同条件下，如果$k_1k_2=1$，则先后进行位似变换$\mathcal{H}_1$，$\mathcal{H}_2$，得到的变换是沿直线H_1H_2进行的.

此外，值得强调的是，当且仅当两个"部分"位似变换中恰巧有一个位似比是负值时，最终得到的位似比为负值.

下面我们介绍这个引理的一个直接推论，也就是精妙的蒙日[①]定理.

定理1.32. (蒙日定理) 如图1.2.17，ω_1，ω_2，ω_3为三个圆，且满足圆ω_1与ω_2的外公切线相交于点H_3，圆ω_2与ω_3的外公切线相交于点H_1，圆ω_3与ω_1的外公切线相交于点H_2. 则点H_1，H_2，H_3共线.

证明 观察可得，点H_3，H_1，H_2分别是将ω_1映射到ω_2、将ω_2映射到ω_3、将ω_1映射到ω_3的位似变换的中心. 因为第三个位似变换是前两个的结合体（换句话说，圆ω_1既可以"直接"也可以"通过"ω_2被缩放为圆ω_3），所以它的中心H_2在直线H_1H_3上.

图 1.2.17

---

① 蒙日（Gaspard Monge），1746—1818，法国数学家，被认为"画法几何之父".

这个引理不仅在理论上有非凡的重要性，而且也为我们证明共点问题，尤其当问题中涉及相切圆时，提供了有效的办法．其中的技巧就是证明所求的交点实际上是某个位似变换的中心．下面的例题正是采用了这个方法来处理所谓的**伪内切圆**．

例题1.8. 如图1.2.18，$\triangle ABC$内接于圆Ω．用ω_a表示与三角形的边AB，AC分别相切，并且与圆Ω内切于点A_1的圆．同样地，有圆ω_b和点B_1，圆ω_c和点C_1．求证：直线AA_1，BB_1，CC_1和OI相交于一点，其中O和I分别表示$\triangle ABC$的外心和内心．

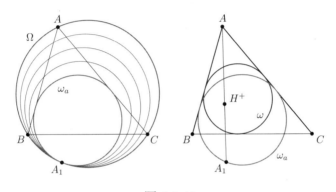

图 1.2.18

证明 观察可得，点A_1是圆Ω与ω_a之间的正位似变换的中心（如有疑问可参考命题1.29），并且由于AB，AC是圆ω_a与$\triangle ABC$的内切圆ω的两条外公切线，于是点A是这两个圆之间的正位似变换的中心．

因此，直线AA_1经过圆ω与Ω之间的正位似变换的中心H^+．

类似地，BB_1和CC_1也经过点H^+．最后，因为将圆ω映射到Ω的位似变换也将I映射到O，所以点H^+也在OI上，于是形成了四线共点．

我们用下面这个例题来结束这部分内容．

例题1.9. 如图1.2.19，在四边形$ABCD$中，点K，L，M，N分别在边AB，BC，CD，DA上，并且满足直线AB，CD和LN相交于点P，直线AD，BC和KM相交于点Q．用X表示KM与LN的交点．求证：如果四边形$AKXN$，$BLXK$和$CMXL$都有内切圆，则四边形$DNXM$也有内切圆．

证明 我们的目标仍是利用引理1.31．设四边形$AKXN$，$BLXK$和$CMXL$的内切圆分别是ω_a，ω_b和ω_c．进一步，设与线段XM，射线XN和MD均相切的圆为ω_d，而我们的目的是证明圆ω_d也与DN相切．

首先，我们将圆ω_a通过圆ω_b映射到圆ω_c. 因为点P是圆ω_a与ω_b之间的正位似变换的中心，并且点Q是圆ω_b与ω_c之间的正位似变换的中心，所以圆ω_a与ω_c之间的正位似变换的中心（设为H）在直线PQ上.

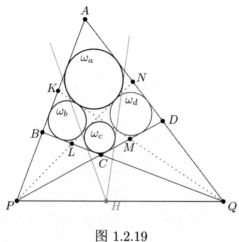

图 1.2.19

接下来，我们将圆ω_a通过ω_c映射到圆ω_d. 正如以上步骤所示，我们意识到圆ω_a与ω_d之间的正位似变换的中心位于直线HP也就是直线PQ上. 然而，这个中心也必须位于圆ω_a与ω_d的外公切线QK上，因此圆ω_a与ω_d之间的正位似变换的中心就是点Q.

最后，因为圆ω_a与直线QA相切，所以它在以Q为中心的位似变换中映射的像ω_d也与直线QA相切. 由此，结论得证.

1.3　三角形探秘

在欧几里得几何（欧氏几何）中，最主要关注的自然是三角形几何.对三角形的研究已经有几千年的历史了，但现在仍有新的研究成果产生. 时至今日，人们已经定位出超过5 000个三角形中有趣的点! 而作为本书的主要内容之一，我们将重点介绍其中两个最常出现的结构，它们有一个共同点，就是都带有垂心和内心.

垂心与九点圆

我们即将看到，在某些方面垂心是三角形中最好用的一个点.之所以这样讲，主要因为由直角可以引申出很多圆，从而可以应用追角法这个解题法宝.（偶有例外）

命题1.33. 如图1.3.1，在$\triangle ABC$中，垂心为H，则当且仅当三角形为锐角三角形时，点H落在三角形内侧.

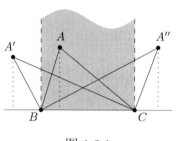

图 1.3.1

证明 因为点H在以A为顶点的高上，所以观察可得，当且仅当$\angle B$与$\angle C$都是锐角时，H落在基于BC形成的半带状区域里. 应用类似的方法，我们得到当且仅当$\triangle ABC$的所有角都是锐角时，点H落在$\triangle ABC$里（半带状区域被三个边围起来的部分）.

　　我们注意到在直角三角形中，垂心与斜边所对的顶点重合了，失去了研究价值. 出于这个原因，在这部分的进一步讨论中我们将不会涉及直角三角形.

　　接下来的引理将在讨论钝角三角形中出现垂心的情况时发挥非常重要的作用. 基本上它在告诉我们，钝角三角形的情况与锐角三角形的情况是相同的.

引理1.34. 如图1.3.2，在$\triangle ABC$中，垂心为H，则$\triangle BCH$，$\triangle CAH$，$\triangle ABH$的垂心分别为点A，B，C.

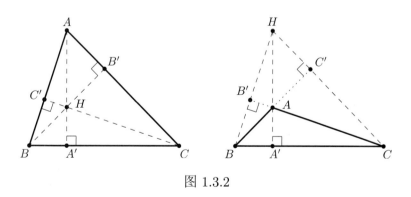

图 1.3.2

证明 因为$AH \perp BC$，$AB \perp CH$并且$AC \perp HB$，所以，事实上直线AH，AB和AC都是$\triangle HBC$的高线. 因此，在$\triangle HBC$中，点A是它的垂心.

　　类似地，可以完成其余两个三角形的证明.

命题1.35. (垂心的基本性质)如图1.3.3，在△ABC中，线段AA'，BB'，CC'均为高，点H是垂心，外径为R. 则:

(a) 四边形[①]$BCB'C'$，$CAC'A'$，$ABA'B'$都是圆内接四边形，并且边BC，CA，AB分别为其外接圆的直径.

(b) 四边形[①]$AC'HB'$，$BA'HC'$，$CB'HA'$都是圆内接四边形，并且线段AH，BH，CH分别为其外接圆的直径.

(c) 如果∠B和∠C都是锐角，那么∠$BHC = 180° - ∠A$，否则∠$BHC = ∠A$.

(d) △BHC，△CHA，△AHB的外径都等于R.

(e) △$AB'C'$，△$A'BC'$，△$A'B'C$都与△ABC相似，相似比分别为$|\cos ∠A|$，$|\cos ∠B|$，$|\cos ∠C|$.

(f) $AH = 2R|\cos ∠A|$，$BH = 2R|\cos ∠B|$，$CH = 2R|\cos ∠C|$.

证明 (a) 因为∠$BB'C = 90° = ∠CC'B$，所以四边形$BCB'C'$为圆内接四边形，并且BC是外接圆的直径.其余的四边形，情况与之类似.

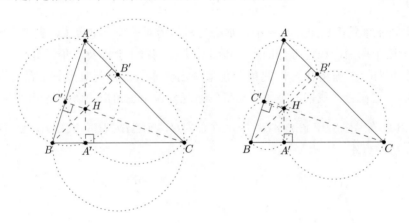

图 1.3.3

(b) 因为∠$AC'H = 90° = ∠HB'A$，所以四边形$AC'HB'$内接于一个圆，并且AH是这个圆的直径. 其余的四边形，情况与之类似.

(c) 我们利用经过点A，B'，H和C'的圆来完成证明. 通过上一个命题我们可以推断出，当且仅当∠A与∠$C'HB'$ ($\equiv ∠BHC$)在弦$B'C'$的两侧时，∠B 与∠C都是锐角.由此，无论是哪种情况，我们都可以得到结论.

(d) 无论△ABC是不是锐角三角形，我们都可以将(c)的结论重写为: $\sin ∠BHC = \sin ∠A$.

① 顶点顺序可能有变化.

于是，由扩展的正弦定理可以求得$\triangle BHC$的外径R_1，即

$$R_1 = \frac{BC}{2\sin\angle BHC} = \frac{BC}{2\sin\angle A} = R$$

(e) 由$BCB'C'$为圆内接四边形可得，$\triangle AB'C' \backsim \triangle ABC$，且相似比为

$$\frac{AC'}{AC}$$

而在$\mathrm{Rt}\triangle ACC'$中

$$\frac{AC'}{AC} = |\cos\angle A|$$

(f) 由(b)可得AH是$\triangle AB'C'$外接圆的直径，而且$\triangle ABC$外接圆的直径长是$2R$，因此通过(e)即可得到AH的长度.

接下来还有更多有趣的性质！

命题1.36. (垂心的镜射)如图1.3.4，在$\triangle ABC$中，H为垂心. H_a表示点H关于边BC的镜射，H_a'表示点H关于线段BC中点的镜射. 类似地，有点H_b，H_b'，H_c和H_c'，则点H_a，H_a'，H_b，H_b'，H_c和H_c'都在$\triangle ABC$的外接圆ω上，并且AH_a'，BH_b'，CH_c'都是圆ω的直径.

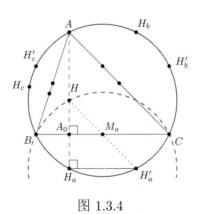

图 1.3.4

证明 由命题1.35(d)可知，$\triangle ABC$，$\triangle BHC$的外接圆半径相等，实际上它们关于直线BC对称. 因此，点H_a作为H的对称点，位于圆ω上.

对于点H_a'，我们注意到这两个外接圆也关于BC中点对称.于是同理可得，H_a'在圆ω上.

如果$AB = AC$，那么由对称性得AH_a'为圆ω的直径.若这两条边不相等，设BC

的中点为M_a，以A为顶点的高在BC上的垂足为A_0，则$\triangle HH_aH_a'$与$\triangle HA_0M_a$位似，位似中心为点H，位似比为2，因此

$$\angle AH_aH_a' \equiv \angle HH_aH_a' = \angle HA_0M_a = 90°$$

于是，AH_a'为圆ω的直径.

关于这种结构的最重要的发现是由庞斯列[①]于1821年提出的，它涉及另一个圆.

定理1.37. (九点圆)如图1.3.5，在$\triangle ABC$中，AA'，BB'和CC'分别为三个高，点H为垂心，点O为外心，外径为R. M_a，M_b和M_c分别表示边BC，CA，AB上的中点，此外N_a，N_b和N_c分别表示线段AH，BH，CH的中点. 则点M_a，M_b，M_c，A'，B'，C'，N_a，N_b和N_c在一个半径为$\dfrac{R}{2}$的圆上，圆心O_9平分线段OH. 线段N_aM_a，N_bM_b和N_cM_c是圆的直径.

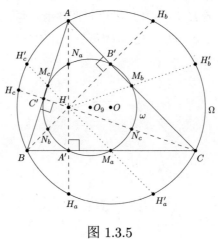

图 1.3.5

证明 采用命题1.36中的结构并应用位似变换$\mathcal{H}(H, \dfrac{1}{2})$，即可得到结论.

我们也证明了这个九点圆的圆心O_9在$\triangle ABC$的欧拉线（见例题1.3）上.

接下来我们看一道典型的涉及垂心的追角问题.

例题1.10. 在锐角$\triangle ABC$中，AK，BL，CM为三条高，点H是垂心. 设点$S = BL \cap KM$，P为AH的中点，并且$T = LP \cap AM$. 求证：$TS \perp BC$.

[①] 庞斯列（J.V. Poncelet），1788—1867，法国工程师、数学家.

证明 只需证明$TS//AK$，或者换句话说，$\angle MTS = \angle BAK$. 而由命题1.35(b) 可知$MHLA$为圆内接四边形，则有$\angle BAK \equiv \angle MAH = \angle MLH$，于是，实际上我们需要得到$\angle MTS = \angle MLS$或者$TMSL$为圆内接四边形（图1.3.6）.

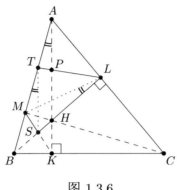

图 1.3.6

这一点很好实现. 快速观察一下即可发现，$\angle SMT$和$\angle TLS$都可以用$\angle A$，$\angle B$ 和$\angle C$表示出来. 实际上，因为$KCAM$为圆内接四边形，$\angle SMT = 180° - \angle C$.

为了得到$\angle TLS$，我们先计算$\angle ALP$. 由于PA和PL都是四边形$MHLA$外接圆的半径，因此$\triangle ALP$为等腰三角形，于是得到$\angle ALP = \angle PAL = 90° - \angle C$，进而有$\angle TLS = 90° - \angle ALP = \angle C$.

以上我们得到了$\angle SMT + \angle TLS = 180°$，所以$TMSL$为圆内接四边形，由此可完成证明.

例题1.11. (俄罗斯数学奥林匹克竞赛2008)如图1.3.7，在锐角$\triangle ABC$中，高BB_1与CC_1相交于点H，点O为外心，A_0为边BC的中点. 直线AO 与边BC相交于点P，直线AH与B_1C_1相交于点Q. 求证：直线HA_0与PQ互相平行.

证明 作$\triangle ABC$的外接圆ω，并且设点H关于点A_0的镜像为H_a'. 于是，点H，A_0，H_a'共线，并且由命题1.36可知，AH_a'为圆ω的直径，所以点A，O，H_a'共线.

为了证明$HH_a'//PQ$，需要证明$\triangle AQP$与$\triangle AHH_a'$相似. 由于这两个三角形有一个公共角，所以我们只需再得到

$$\frac{AQ}{AP} = \frac{AH}{AH_a'}$$

即可.

由命题1.35(f)和命题1.36，有

$$\frac{AH}{AH_a'} = \frac{2R\cos\angle A}{2R} = \cos\angle A$$

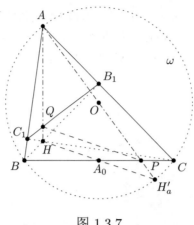

图 1.3.7

另外，在相似△ABC和△AB_1C_1中，线段AQ与AP分别为经过外心的塞瓦线，因此由命题1.35(e)我们也可得到

$$\frac{AQ}{AP} = \cos \angle A$$

因此△AQP与△AHH_a'相似，由此可完成证明.

有时候能够意识到题目给出的信息是某一常见结构的一部分是非常重要的，而此时的制胜策略就是将这个结构补充完整.下面的例题就诠释了这样一个过程.

例题1.12. (中国西部数学奥林匹克竞赛2010)如图1.3.8，四边形$ABCD$内接于以AB为直径、以点O为圆心的半圆. 两条直线分别与半圆相切于点C和点D，并且相交于点E.线段AC与BD相交于点F，并用M表示EF与AB的交点. 求证:点E，C，M和D共圆.

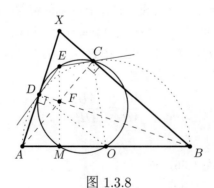

图 1.3.8

证明 设 AD 与 BC 相交于点 X，于是可以看出点 F 是 $\triangle ABX$ 的垂心.

点 O，C，D 都在 $\triangle ABX$ 的九点圆上，并且 $\angle ODE = \angle OCE = 90°$，因此 E 一定是点 O 在九点圆上的对径点. 于是，E 为 FX 的中点，从而可得 M 为以 X 为顶点的高在 AB 上的垂足. 所以，M 也在 $\triangle ABX$ 的九点圆上.

内心与弧的中点

我们讨论的第二个点是内心. 令人非常惊讶的是，即使与内切圆有着密切关系，内心的基本性质与三角形外接圆的关联却更加紧密. 造成这种情况的原因是角平分线中常常蕴含着解题所需的角度相关信息，特别是弧的中点.

命题1.38. (内心的基本性质)如图1.3.9，$\triangle ABC$ 内接于圆 ω，点 I 为三角形的内心，点 M 为圆 ω 上不包含 A 的 $\overset{\frown}{BC}$ 的中点，点 D 为 $\angle A$ 的角平分线与 BC 的交点.则：

(a) $\angle BIC = 90° + \dfrac{1}{2}\angle A$；

(b) 点 M 在 $\angle A$ 的角平分线上，并且 $MB = MC = MI$；

(c) $\dfrac{AI}{ID} = \dfrac{b+c}{a}$.

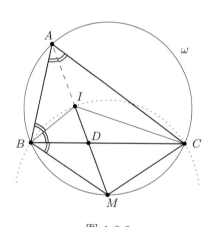

图 1.3.9

证明 (a)在 $\triangle BIC$ 中，$\angle BIC = 180° - \dfrac{1}{2}\angle B - \dfrac{1}{2}\angle C = 90° + \dfrac{1}{2}\angle A$.

(b)因为 $\overset{\frown}{MB}$ 与 $\overset{\frown}{MC}$ 相等，所以对应的圆周角也相等，也就是 $\angle BAM = \angle MAC$，由此还可以得到 $MB = MC$.

接下来我们计算 $\triangle IBM$ 中的角

$$\angle BIM = 180° - \angle AIB = \dfrac{1}{2}\angle A + \dfrac{1}{2}\angle B$$

同时

$$\angle MBI = \angle MBC + \angle CBI = \frac{1}{2}\angle A + \frac{1}{2}\angle B$$

因此，$\triangle IBM$为等腰三角形，并且$MI = MB$. 由此，(b)证明完成.

(c) 在$\triangle ABD$和$\triangle ABC$中，应用角平分线定理可得到所期望的关系式

$$\frac{AI}{ID} = \frac{AB}{BD} = \frac{c}{\dfrac{ac}{b+c}} = \frac{b+c}{a}$$

例题1.13. (IMO 2006)如图1.3.10，在$\triangle ABC$中，设内心为I，P为三角形内一点，并且满足

$$\angle PBA + \angle PCA = \angle PBC + \angle PCB$$

求证：$AP \geqslant AI$，当且仅当$P = I$时取等号.

证明 我们先来分析一下已知条件.

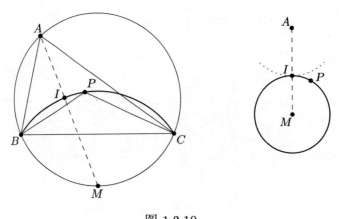

图 1.3.10

由于等式两边的角加起来等于$\angle B + \angle C$，通过简单的追角法可得

$$\angle BPC = 180° - (\angle PBC + \angle PCB) = 180° - \frac{1}{2}(\angle B + \angle C) = 90° + \frac{1}{2}\angle A$$

因此，由命题1.38(a)可得，点P在$\overgroup{BIC}$上.

现在，关键点是回忆起$\triangle BIC$的外心就是不含点A的$\overgroup{BC}$的中点M，特别的，它是直线AI上的点. 下面通过读图就可以得到结论了！事实上，在$\triangle BIC$外接圆上的全部点中，距离点A最近的就是点I.

（对于追求严谨的读者，要证明$P \neq I$的情况，只需列出$\triangle AMP$中的三角不等式，并将两边减去$MI = MP$，即可完成证明.）

接下来我们将用另一种方法定义三角形的内心. 在很多情况下这个定义都非常有用, 尤其是当题目中只提到一条角平分线时.

命题1.39. (三角形内心的另一个定义)在 $\triangle ABC$ 中, 点 I 为内心, 点 M 为不包含点 A 的 $\overset{\frown}{BC}$ 的中点, 并且 $D = AI \cap BC$. 设 X 为线段 AD 上一点. 以下叙述的内容都是等价的:

(a) $X = I$.

(b) $MX = MI$.

(c) $\angle BXC = 90° + \dfrac{1}{2}\angle A$.

证明 我们已经知道内心 I 满足(b)和(c) (见命题1.38), 因此只需进一步明确在线段 AD 上它是唯一可以具有这些性质的点.

对于(b)这是显而易见的.

对于(c), 我们注意到点 X 在 $\triangle BCI$ 的外接圆上, 而这个圆与线段 AM 只有一个交点.

例题1.14. (IMO 2002)如图1.3.11, 点 O 为圆 ω 的圆心, BC 为 ω 的一条直径. 点 A 在 ω 上, 并且满足 $\angle AOB < 120°$. D 为不含点 C 的 $\overset{\frown}{AB}$ 的中点. 经过点 O 且平行于 DA 的直线与直线 AC 相交于点 I. OA 的中垂线与圆 ω 相交于点 E 和点 F. 求证: I 是 $\triangle CEF$ 的内心.

证明 多亏有 $\angle AOB < 120°$ 这个条件, 我们得到 A 为不含点 C 的 $\overset{\frown}{EF}$ 的中点, 因此直线 CA 是 $\angle ECF$ 的角平分线. 接下来只需证明 $AI = AF$. 我们推断事实上这两个线段的长度都等于圆 ω 的半径.

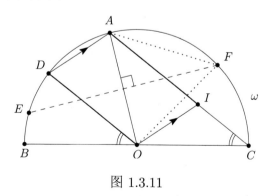

图 1.3.11

因为点 F 在 AO 的中垂线上, 于是有 $AF = OF$, 所以这个推断对 AF 显然是成立的.

此外，因为D是$\overset{\frown}{AB}$的中点，所以

$$\angle BOD = \frac{1}{2}\angle BOA = \angle BCA$$

因此$OD/\!/CA$. 结合已知条件$DA/\!/OI$, 可得$DOIA$为平行四边形. 于是$AI = DO$, 由此可完成证明.

角平分线上的点通过很多关系被关联在一起，其中包含一个恒等关系，这个恒等式在更广义的条件下依然成立. 为了便于参考引用，我们给它起了个名字，叫作打靶引理.

命题1.40. (打靶引理)如图1.3.12，设点M为圆ω上$\overset{\frown}{BC}$的中点，射线ℓ 从点M出发，与线段BC相交于点D，并与圆ω二次相交于点A. 则：

(a) $MD \cdot MA = MB^2$.

(b) 如果I为$\triangle ABC$的内心，那么$MD \cdot MA = MI^2$.

(c) 如果有另一条射线ℓ'从点M出发，与BC相交于点D'，与ω二次相交于点A'，那么$DD'A'A$为圆内接四边形.

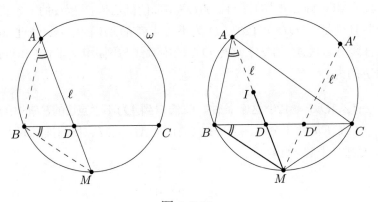

图 1.3.12

证明 从(a)开始证明. 因为M是$\overset{\frown}{BC}$的中点，我们得到$\angle MBC = \frac{1}{2}\angle A = \angle MAB$. 因此，由命题1.15可知，直线$MB$与$\triangle ABD$外接圆相切，于是通过点到圆的幂得到

$$MD \cdot MA = MB^2$$

(b) 由命题1.38(b)可知，$MB = MI$，由此可完成证明.

(c) 由(a)中点到圆的幂可得

$$MD \cdot MA = MB^2 = MD' \cdot MA'$$

因此，四边形$DD'A'A$为圆内接四边形.

接下来的命题揭示出三角形中内心与垂心之间的密切联系.

命题1.41. 如图1.3.13，$\triangle A'B'C'$内接于圆ω，点I是三角形的内心. 设点M_a，M_b，M_c分别为圆ω上不含点A'，B'，C'的$\overset{\frown}{B'C'}$，$\overset{\frown}{C'A'}$，$\overset{\frown}{A'B'}$的中点. 并且，设点M_a'，M_b'，M_c'分别为$\triangle A'B'C'$外接圆上点M_a，M_b，M_c的对径点. 于是我们得到了与命题1.36中完全一致的结构，其中点A'，B'，C'，M_a，M_b，M_c，M_a'，M_b'，M_c'，I分别对应原命题结构中的点H_a，H_b，H_c，A，B，C，H_a'，H_b'，H_c'，H.

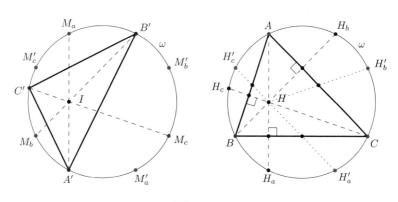

图 1.3.13

证明 由推论1.14(a)可知，直线$A'M_a$与M_bM_c的夹角等于劣弧$A'M_c$，M_bM_a对应的圆周角之和，即$\frac{1}{2}\angle C'+(\frac{1}{2}\angle A'+\frac{1}{2}\angle B')=90°$. 因此$A'M_a$是$\triangle M_aM_bM_c$中的一条高. 类似地，$B'M_b$与$C'M_c$也是高线，因此点$I$是$\triangle M_aM_bM_c$的垂心，而点$A'$，$B'$，$C'$分别对应了垂心关于三角形三个边映射所成的像.

因为点M_a'，M_b'和M_c'分别为M_a，M_b，M_c的对径点，回想原图中AH_a'为直径，所以它们实际上对应的是垂心关于$\triangle M_aM_bM_c$三边中点映射所成的像.

重点，旁心

为了展现三角形内心与垂心的另一个强有力的联系，我们将在图形中增添一些点，它们就是三角形的旁心.我们会再次惊讶地发现：同旁心与旁切圆的关系相比，在某一方面，旁心与外接圆融合得更好.

现在我们就来介绍这一小节中最重要的命题. 毫不意外地，我们将得到一个非常熟悉的画面！

命题1.42. (重点)如图1.3.14，在△ABC中，内心为I.设点M_a，M_b，M_c分别为不包含点A，B，C的$\overgroup{BC}$，$\overgroup{CA}$，$\overgroup{AB}$的中点. 进一步，分别用M_a'，M_b'，M_c'表示点M_a，M_b，M_c在△ABC外接圆上的对径点.最后，设I_a，I_b，I_c分别为顶点A，B，C所对的旁心，则I是△$I_aI_bI_c$的垂心，并且△ABC的外接圆就是△$I_aI_bI_c$的九点圆. 由此以下推论也成立：

(a) 在△$I_aI_bI_c$中，点M_a'，M_b'，M_c'分别是所在边的中点.

(b) 四边形$BICI_a$，$CIAI_b$，$AIBI_c$都是圆内接四边形，并且II_a，II_b，II_c分别为外接圆直径，圆心分别为M_a，M_b，M_c.

(c) 四边形I_bI_cBC，I_cI_aCA，I_aI_bAB都是圆内接四边形，并且I_bI_c，I_cI_a，I_aI_b分别为外接圆直径，圆心分别为M_a'，M_b'，M_c'.

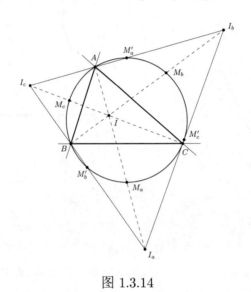

图 1.3.14

证明 首先，观察可得点I_b，I_c都在∠A的外角平分线上，因此点A在直线I_bI_c上. 于是通过计算可得

$$\angle I_aAI_b = \angle I_aAC + \angle CAI_b = \frac{1}{2}\angle A + \frac{1}{2}(180° - \angle A) = 90°$$

因此点A为△$I_aI_bI_c$中高线的垂足. 同理可得在△$I_aI_bI_c$中，点B和C也都是高线的垂足，于是I就是△$I_aI_bI_c$的垂心，从而有△ABC的外接圆就是△$I_aI_bI_c$的九点圆.

在以下例题中，我们采用的方法仍旧是将已知条件转换为某个常见的结构.

例题1.15. (俄罗斯数学奥林匹克竞赛2005)如图1.3.15，在△ABC中，点I为内心. A_1为边BC的中点，M_a'为包含顶点A的$\overgroup{BC}$ 的中点. 求证：$\angle IA_1B = \angle IM_a'A$.

证明 画出命题1.42中的大图形，观察可知，由于BCI_bI_c为圆内接四边形，$\triangle BIC$与$\triangle I_cII_b$相似，并且IA_1与IM'_a分别为这两个三角形中相对应的中线，而$\angle IA_1B$ 与$\angle IM'_aA$在相似关系中互相对应，因此二者相等.

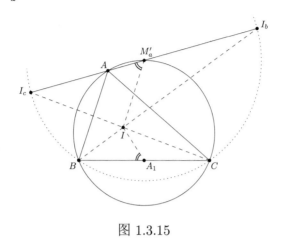

图 1.3.15

例题1.16. (俄罗斯数学奥林匹克竞赛2006)如图1.3.16，ABC为三角形，$\angle ABC$，$\angle BCA$的角平分线分别与边CA，AB相交于点B_1，C_1，且彼此相交于点I. 直线B_1C_1与$\triangle ABC$的外接圆ω相交于点M和点N. 求证：$\triangle MIN$的外径长是$\triangle ABC$外径长的两倍.

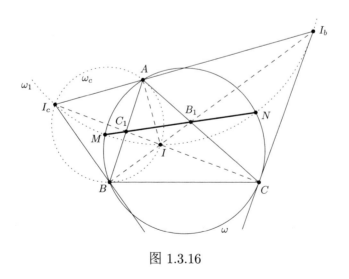

图 1.3.16

证明 再一次，画出大图形.我们推断$\triangle MIN$的外接圆实际上就是$\triangle I_bII_c$的外接圆ω_1，并且由命题1.42和1.35(d)可知，圆ω_1的半径与$\triangle I_aI_bI_c$的外径相等，都是

圆ω（$\triangle I_a I_b I_c$ 的九点圆）半径长的两倍.

为了证明点M，N在圆ω_1上，只需证明点B_1和C_1在圆ω与ω_1的根轴上.

因为$BIAI_c$和$CIAI_b$都是圆内接四边形，所以由根引理可得，点C_1、点B_1都在圆ω与ω_1的根轴上.由此可完成证明.

1.4　旋转相似变换

在几何变换家族中有一颗瑰宝，它有一个高贵的名字：旋转相似变换.掌握了这个变换你就具有了最深层次的洞察力，而这里即将介绍的技巧和方法会把许多奥林匹克竞赛题目化简为简单的练习题.

顾名思义，旋转相似变换也将保持原图形的形状，但是会带有旋转.

已知点S、正数k和角φ，其中角φ不等于$0°$或$180°$. 以S 为中心、伸缩比为k、旋转角为φ的旋转相似变换是一个几何变换，它将点A映射到点A'，并且满足：

(a)　$SA' = k \cdot SA$.

(b)　$\angle(SA, SA') = \varphi$.

用$\mathcal{S}(S, k, \varphi)$表示这样的一个旋转相似变换.注意，无论怎样选择点$A$，$\triangle SAA'$都有固定的形状（边角边），可以说这个形状是由$\mathcal{S}$ 确定的(图1.4.1).

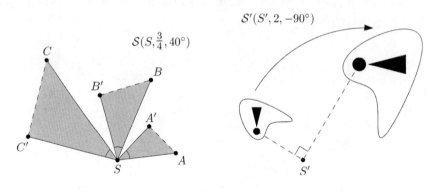

图 1.4.1

如果允许取$\varphi = 0°$或者$\varphi = 180°$，那么旋转相似变换就简化为位似变换了.而当$k = 1$时，它就简化为单纯的旋转.所以整体上讲，旋转相似变换是这两个变换的合成.

正如位似变换把图形映射为一个与之相似的图形，旋转相似变换只是在位似变换之外增加了旋转，它也把图形映射为一个与之相似的图形，而且这两个图形总是正相似.也就是说，两个图形中相互对应的点按照相同的顺序（都是顺时针或都是逆时针方向）排列.

命题1.43. 如图1.4.2，设$\mathcal{S}(S,k,\varphi)$为一个旋转相似变换，则：

(a) 直线ℓ的像也是一条直线.如果用ℓ'表示所成的像，则$\angle(\ell,\ell')=\varphi$.

(b) 设$\triangle ABC$所成的像为$\triangle A'B'C'$，则两个三角形正相似，且相似比为k. 换句话说

$$\frac{A'B'}{AB}=\frac{A'C'}{AC}=\frac{B'C'}{BC}=k$$

并且

$$\angle(AB,A'B')=\angle(AC,A'C')=\angle(BC,B'C')=\varphi$$

(c) 半径为R的圆所成的像是半径为$k\cdot R$的圆.

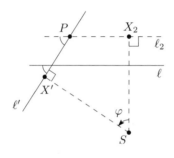

图 1.4.2

证明 这里我们将只证明(a)，把(b)和(c)作为简单的练习留给读者来证明. 在位似变换$\mathcal{H}(S,k)$下，直线ℓ的像是一条直线ℓ_2，并且ℓ_2平行于ℓ. 经过旋转后这条直线的像仍然是一条直线.

用X_2表示点S在直线ℓ_2上的投影. 由于旋转保留了角度，点X_2在以S为中心旋转了角度φ后所成的像X'就是S在ℓ'上的投影.因此，如果用P表示直线ℓ_2与ℓ'的交点，由于点S，X_2，P，X'共圆，因此我们得到

$$\angle(\ell,\ell')=\angle(\ell_2,\ell')\equiv\angle(PX_2,PX')=\angle(SX_2,SX')=\varphi$$

在旋转相似变换这部分我们要介绍的第一个应用是证明被称为西姆森[1]线的存在.

命题1.44. (西姆森线)如图1.4.3，$\triangle ABC$与点X在同一平面内. 点X在三角形的边BC，CA，AB上的投影分别为P，Q，R.则当且仅当X在$\triangle ABC$的外接圆ω上时，点P，Q，R在一条直线上.

[1] 西姆森（Robert Simson），1687—1768，苏格兰数学家、格拉斯哥大学数学教授.

证明 首先，假设$X \in \omega$.

如果点X与某一顶点重合，则直接就可以得到结论.而如果X为某一顶点（以点A为例）的对径点，则$Q = C$，$R = B$，于是结论得证.对于其他情况，我们观察Rt$\triangle XPC$和Rt$\triangle XRA$.由于$ABCX$为圆内接四边形，因此有

$$\angle(XA, AB) = \angle(XC, CB)$$

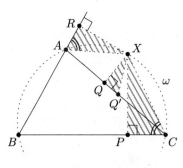

图 1.4.3

也就是说这两个三角形正相似.

现在我们考虑以X为中心、将点P映射到点C的旋转相似变换，可知，它也将点R映射到点A. 设经过这个旋转相似变换后点Q的映射所成的像为Q'，则由于变换中形状不变，我们得到$Q' \in AC$. 于是，由于变换后得到的像C，Q'，A在一条直线上，于是点P，Q，R在一条直线上.

将以上证明过程逆向操作，即可证明题目中"仅当"部分的陈述.

关于旋转相似变换，需要记住的一件事是它们总是**成对出现**. 无论我们何时遇到一个旋转相似变换，在它周围总有另一个旋转相似变换.

命题1.45. 如图1.4.4，设旋转相似变换$\mathcal{S}(S, k, \varphi)$将点$A$映射到点$A'$，将点$B$映射到点$B'$. 则：

(a) $\triangle SAB \backsim \triangle SA'B'$.

(b) $\triangle SAA' \backsim \triangle SBB'$.

(c) 选择适当的k'和φ'，存在旋转相似变换$\mathcal{S}'(S, k', \varphi')$，将点$A$ 映射到点B，将点A'映射到点B'.

证明 (a) 由于旋转相似变换$\mathcal{S}$将$\triangle SAB$映射为$\triangle SA'B'$，结论得证.

(b) 由旋转相似变换的定义可证明此结论.

(c) 这是(b)的直接推论.

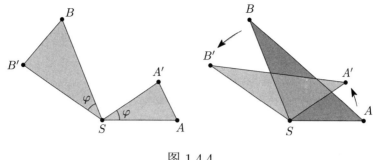

图 1.4.4

请注意，即使这两个旋转相似变换共用一个中心，但它们并不相同，它们的伸缩比和旋转角度都不相等.

旋转相似变换的这个性质使我们得以证明托勒密[①]的一个著名定理，这个定理揭示了圆内接四边形边长关系的一个性质.

定理1.46. (托勒密不等式) 如图1.4.5，在四边形$ABCD$中，分别用a，b，c，d表示边AB，BC，CD，DA的长度，e，f分别表示对角线AC，BD的长度，则

$$ac + bd \geqslant ef$$

当且仅当$ABCD$为圆内接四边形时取等号.

证明 考虑以点C为中心，将点D映射到点B的旋转相似变换$\mathcal{S}$，并设点A在$\mathcal{S}$下所成的像为点A'.

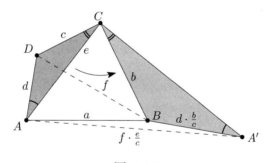

图 1.4.5

因为$\triangle CDA \backsim \triangle CBA'$，且相似比为$\dfrac{b}{c}$，所以$BA' = d \cdot \dfrac{b}{c}$. 由于旋转相似变换成对出现，我们也得到$\triangle CDB \backsim \triangle CAA'$，相似比为$\dfrac{e}{c}$，于是$AA' = f \cdot \dfrac{e}{c}$.

于是，在$\triangle ABA'$中，由三角不等式可得

$$a + d \cdot \frac{b}{c} \geqslant f \cdot \frac{e}{c}$$

---

① 托勒密（Claudius Ptolemy），90—168，埃及数学家、天文学家.

由此可直接得到所求不等式，其中当且仅当点A，B，A'在一条直线上时取等号. 而点A，B，A'共线，也就是$\angle CBA = 180° - \angle A'BC = 180° - \angle ADC$，等价于$ABCD$是圆内接四边形，证毕.

现在我们来研究是否存在一个旋转相似变换可以将两个已知点映射到另外两个已知点上，而答案是肯定的.

命题1.47. 如图1.4.6，点A，B，A'，B'在同一平面上，并且满足没有三个点在同一条直线上.假设直线AB与$A'B'$相交于点P，则存在唯一的旋转相似变换将点A映射到点A'，并且将点B映射到点B'. 这个旋转相似变换的中心就是$\triangle AA'P$的外接圆与$\triangle BB'P$的外接圆的另一个交点.

证明 对于所求的将AB映射到$A'B'$的旋转相似变换$\mathcal{S}(S, k, \varphi)$，为了确定中心点$S$，由命题1.43(b)可知，我们需要

$$\angle(SA, SA') = \angle(SB, SB') = \angle(AB, A'B') = \varphi$$

根据命题1.18可知，这意味着点S需要同时在$\triangle AA'P$的外接圆与$\triangle BB'P$的外接圆上.

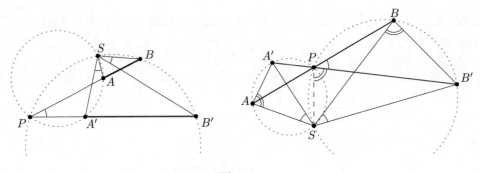

图 1.4.6

其余需要证明的就是$\triangle SAA'$与$\triangle SBB'$正相似.

刚刚我们已经确定了$\angle(SA, SA') = \angle(SB, SB')$，通过两个外接圆我们还可以得到

$$\angle(A'A, AS) = \angle(A'P, PS) \equiv \angle(B'P, PS) = \angle(B'B, BS)$$

于是由角角判定可证明$\triangle SAA'$与$\triangle SBB'$正相似.

如果$\triangle AA'P$的外接圆与$\triangle BB'P$的外接圆恰巧相切，则旋转相似变换将退化为以点P为中心的位似变换.

这个命题并不适用于四个点中有三个点共线的情况. 在三点共线的情况下, 其中的一个圆与一条相应的直线相切, 具体细节留给读者来完成.

我们可以换一种方式叙述上面这个命题, 以便大家对含有两个相交圆的这种结构更加熟悉.

命题1.48. (a) 如图1.4.7, $\triangle SAB$ 与 $\triangle SA'B'$ 为两个互相正相似的三角形, 其外接圆分别为 ω, ω'. 则圆 ω, ω' 与直线 AA', BB' 有一个公共点.

(b) 设圆 ω_1 与圆 ω_2 相交于点 P 和点 S, 则在以 S 为中心、将圆 ω 映射到 ω' 的旋转相似变换 $\mathcal{S}$ 下, 当且仅当 $P \in AA'$ 时, 点 $A' \in \omega'$ 为点 $A \in \omega$ 的像.

证明 (a) 如果 $\triangle SAB$ 与 $\triangle SA'B'$ 有平行边, 则公共点就是他们的位似中心 S.

在其他情况下, 设 $P = AA' \cap BB'$. 因为在将点 A 映射到点 B, 并且将点 A' 映射到点 B' 的旋转相似变换中, 点 S 是它的中心, 所以从结构上, 点 S 是 $\triangle ABP$ 的外接圆与 $\triangle A'B'P$ 的外接圆的第二个交点. 因此点 P 在圆 ω 和圆 ω' 上, 由此证明完毕.

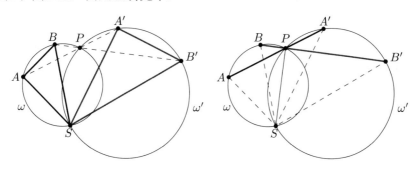

图 1.4.7

(b) 首先注意, 这样的旋转相似变换是存在的. 取点 $A, B \in \omega$, 并用 $A', B' \in \omega'$ 表示它们在旋转相似变换 $\mathcal{S}$ 下所成的像. 于是, 因为 $\triangle SAB \backsim \triangle SA'B'$, 由(a) 可知, AA' 经过点 P. 以上我们证明了点 A 在 $\mathcal{S}$ 变换下所成的（唯一的）像是 AP 与圆 ω' 的另一个交点, 由此命题得证.

通过以上的命题我们了解到, 每次遇到两个圆相交, 并且有一条直线经过其中一个交点的情况, 就值得考虑在这里应用旋转相似变换的可能性了. 反向地说, 连接旋转相似变换中对应点的直线通常都经过两圆相交产生的交点中的一个.

例题1.17. (IMO 2006 预选题)如图1.4.8, 在凸五边形 $ABCDE$ 中

$$\angle BAC = \angle CAD = \angle DAE$$

$$\angle CBA = \angle DCA = \angle EDA$$

点P为直线BD与CE的交点. 求证:直线AP经过边CD的中点.

证明 分别用ω_1,ω_2表示$\triangle BAC$,$\triangle DAE$的外接圆.

我们注意到,由角角判定可得,$\triangle BAC$,$\triangle CAD$和$\triangle DAE$之间两两相似.

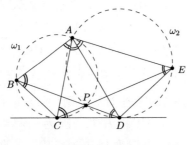

图 1.4.8

考虑将$\triangle ABC$映射到$\triangle ADE$的旋转相似变换. 由命题1.48(a)可知,点P是圆ω_1与ω_2的另一个交点.

由$\angle CBA = \angle DCA$和$\angle ADC = \angle AED$可得,CD与圆ω_1和ω_2都相切. 因此,CD的中点到圆ω_1,ω_2的幂相等,也就是$\left(\dfrac{1}{2}CD\right)^2$,于是它在这两个圆的根轴$AP$上（可参考命题1.21）.

下面这个命题可通过少许追角法技巧结合两个之前的命题结论来证明,我们将给出一个快速的证明过程.

命题1.49. (四边形的密克点) 如图1.4.9,在四边形$ABCD$中,假设射线BC与AD相交于点Q,射线BA与CD相交于点R. 设$\triangle RAD$,$\triangle RBC$,$\triangle ABQ$,$\triangle CDQ$的外接圆分别为ω_1,ω_2,ω_3,ω_4. 则圆ω_1,ω_2,ω_3,ω_4经过一个公共点M. 这个点被称为四边形$ABCD$的密克点.

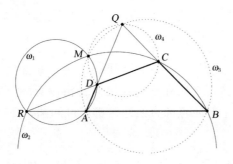

图 1.4.9

证明 由命题1.47可知，圆ω_1与ω_2的另一个交点M（$M \neq R$）是将点A映射到点D，并且将点B映射到点C的旋转相似变换的中心. 由命题1.45可知，点M也是将点A映射到点B，并且将点D映射到点C的旋转相似变换的中心. 所以再次使用命题1.47可得，它也在圆ω_3和ω_4上.

例题1.18. (USAMO 2006)如图1.4.10，在四边形$ABCD$中，没有对边是互相平行的.点E，F分别在边AD，BC上，并且满足$\dfrac{AE}{ED} = \dfrac{BF}{FC}$. 射线$FE$分别与射线$BA$，$CD$相交于点$S$，$T$. 求证：$\triangle SAE$，$\triangle SBF$，$\triangle TCF$，$\triangle TDE$的外接圆经过一个公共点.

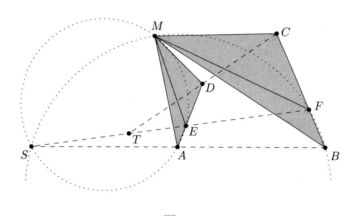

图 1.4.10

证明 设将点A映射到点B，并且将点D映射到点C的旋转相似变换$\mathcal{S}$的中心为点M，则$\mathcal{S}$将AD映射到BC，并且由于点E，F分别以相同的比例分割了线段AD，BC，这个变换也将点E映射到点F.

因此，$\mathcal{S}$将线段AE映射到BF、将ED映射到FC，这意味着点M是四边形$ABFE$和$EFCD$的公共密克点，因此它在全部所求证的圆上.

下面这道例题是充分理解旋转相似变换的基础.

例题1.19. 如图1.4.11，已知平面上有两个正方形$ABCD$和$A'B'C'D'$（其中，字母标识都以顺时针方向依次排列）. 点A_1，B_1，C_1，D_1分别表示线段AA'，BB'，CC'，DD'的中点. 求证：$A_1B_1C_1D_1$为正方形.

证明 考虑将点A映射到点A'，并将点B映射到点B'的旋转相似变换$\mathcal{S}$. 在$\mathcal{S}$变换下，正方形$ABCD$的像也是正方形，并且由于它与$A'B'C'D'$公用顶点A'和B'，并且顶点按相同方向排序，因此事实上这个像就是正方形$A'B'C'D'$，也就是变换$\mathcal{S}$将$ABCD$映射到$A'B'C'D'$.

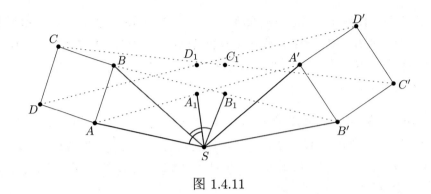

图 1.4.11

由命题1.45(a)可得，$\triangle ASA'$，$\triangle BSB'$，$\triangle CSC'$和$\triangle DSD'$之间互为相似三角形. 因为线段SA_1，SB_1，SC_1，SD_1在相似三角形中都是中线，所以我们得到$\triangle ASA_1 \backsim \triangle BSB_1 \backsim \triangle CSC_1 \backsim \triangle DSD_1$，因此旋转相似变换

$$\mathcal{S}'\left(S, \frac{SA_1}{SA}, \angle(SA, SA_1)\right)$$

将$ABCD$映射到$A_1B_1C_1D_1$，这意味着$A_1B_1C_1D_1$也是正方形.

很显然，这个例题阐明了一个更具一般性的概念.例如，我们可以将两个正方形替换为任何两个相似的图形，并且我们也可以将线段AA'，BB'，CC'，DD'以任意比例分割，而命题仍旧成立.笼统地说，任何两个正相似（即不一定朝向相同，但标签按相同方向排列）的图形的"加权平均"也是一个相似的图形.更进一步推广，我们甚至可以对多于两个图形"取平均值".例如，如果有三个相似的n边形，那么由对应顶点组成的三角形的重心，将构成一个与原图形相似的n边形. 从现在起，我们将这个原理称为平均原理.

从另一个角度出发，我们还可以看出，如果将正相似图形中的对应点连起来，并沿着连线统一地"滑动"，则图形的形状保持不变. 我们将这个原理称为滑动原理（图1.4.12）.

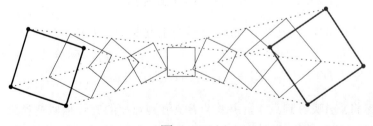

图 1.4.12

由这两个原理衍生出了大量的奥林匹克竞赛题目. 即使不是正方形，我们还

可以从三角形和它的垂心、线段和它的中点以及各种图形中取材，并且每次都可以得到一个具有挑战性的题目！

这部分内容中的最后一个例题，仅仅将讨论过的观点结合起来，就充分展现出旋转相似变换的强大威力.

例题1.20. 如图1.4.13，设圆ω_1，ω_2的圆心分别为O_1，O_2，并且两圆相交于点P与S. 分别在圆ω_1上取点A和D，在圆ω_2上取点B和C，满足线段AC和BD相交于点P. 分别设AC，BD，O_1O_2的中点为M，N，O. 求证：点O为$\triangle MNP$的外心.

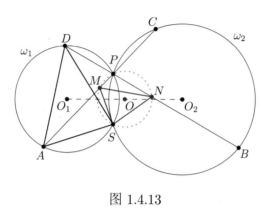

图 1.4.13

证明 由命题1.48(b)可得，S为将点A映射到点C，将点D映射到点B，将ω_1映射到ω_2，因而也将点O_1映射到O_2的旋转相似变换的中心.

因为$\triangle SAD$滑动为$\triangle SCB$，所以它的外心O_1沿O_1O_2一起滑动. 又由于点P与S关于O_1O_2对称，因此它的外接圆始终经过点P. 关注滑动到路程中点时的情况可以发现，点S，M，N，P位于以点O为圆心的圆上.

1.5　反演变换

本书中涉及的最独特的几何变换是反演变换. 与我们见过的其他几何变换不同，经过反演变换后，图形的形状会发生实质上的改变.然而我们将看到反演变换是解决几何问题时最强大的工具.

为了更有效地介绍反演变换的性质，我们将引入一个位于无穷远处的点，用∞表示，并规定所有的直线都经过这一点.这个扩展的平面被称为反演平面.

现在我们来揭晓它的定义：如图1.5.1，已知圆ω的圆心为点I，半径为$r > 0$，则点X关于圆ω的反演点X'可定义为：

(a) 如果$X = I$，那么$X' = \infty$;

(b) 如果$X = \infty$，那么$X' = I$;

(c) 其他情况下，点X'在射线IX上，并且满足$IX \cdot IX' = r^2$.

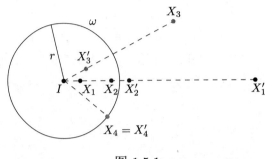

图 1.5.1

观察可得，在圆ω内的点（即$IX < r$）被映射到圆外（$IX' > r$），反之亦然，同时圆ω保持不变. 进一步地，如果关于同一个圆进行两次反演变换，我们将得到恒等映射（恢复原样）. 也就是说，当且仅当X是X'的反演点时，X'是X的反演点.

下面我们来发掘一些更深层次的性质.

命题1.50. 如图1.5.2，点I为圆ω的圆心，X为圆外一点. 从点X作ω的两条切线，切点分别为A，B. 最后，设AB的中点为X'，则点X'为X关于ω 的反演点.

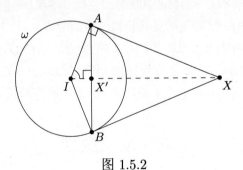

图 1.5.2

证明 首先注意到，由对称性可得，点I，X'，X是共线的，并且$\angle IX'A = 90°$. 因为AX与圆ω相切，我们也得到$\angle IAX = 90°$，所以由角角判定可得$\triangle IX'A \backsim \triangle IAX$ ，并且$IX' : IA = IA : IX$.由此可推导出所求结论.

很快你就会发现，在使用反演变换解题时，下面这个反演变换的性质会起到至关重要的作用，它使我们能够在反演后的图形中重新计算长度与角度.

命题1.51. 如图1.5.3，I，X，Y为不共线且两两互异的三个点. X'和Y'分别表示点X和Y关于以I为圆心、$r > 0$为半径的圆的反演点，则$\triangle XIY \backsim \triangle Y'IX'$，并且相似比为$\dfrac{X'Y'}{XY} = \dfrac{r^2}{IX \cdot IY}$，特别地有:

(a) $\angle XYI = \angle IX'Y'$;

(b) $X'Y' = XY \cdot \dfrac{r^2}{IX \cdot IY}$;

(c) $XY = X'Y' \cdot \dfrac{r^2}{IX' \cdot IY'}$.

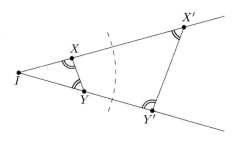

图 1.5.3

证明 由反演变换的定义可得

$$\frac{IX'}{IY} = \frac{r^2}{IY \cdot IX} = \frac{IY'}{IX}$$

则由边角边判定，可得$\triangle XIY \backsim \triangle Y'IX'$ (SAS)，于是立即得到(a)和(b).而对于(c)，只需记得点X和Y分别是X'和Y'的反演点，然后应用(b) 即可完成证明.

接下来我们将看到，反演半径经常是可以任意选取的.我们会用关于点的反演来表示这种情况，其中反演半径设为1.

现在我们来看看直线和圆在反演变换后发生了怎样的变化，所得的结论在解题时出乎意料的好用!

命题1.52. 如图1.5.4，用ℓ'表示直线ℓ关于点I的反演变换后所得的像.

(a) 如果$I \in \ell$，那么$\ell' = \ell$;

(b) 如果$I \notin \ell$，那么ℓ' 为以点O为圆心，且经过点I的圆，其中$OI \perp \ell$.

证明 (a) 这是直接成立的.因为ℓ上的点所成的像都在这条直线上，并且由于点I被映射到∞，而∞被映射到点I，因此直线上的所有点都被覆盖到了.

(b) 用X表示点I在直线ℓ上的投影，并设点$Y \in \ell$且$Y \neq X$. 进一步，分别用X'，Y'表示X，Y的反演点.

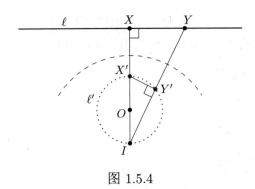

图 1.5.4

因为$\angle IY'X' = \angle IXY = 90°$，所以点$Y'$在以$IX'$为直径的圆上，并且由于$I$与$\infty$互为反演点，很容易就可看出圆上的每一个点被覆盖到了.

命题1.53. 如图1.5.5，ω是以点O为圆心的圆，ω'表示圆ω关于点I反演变换所得的像.

(a) 如果$I \in \omega$，那么ω'是一条垂直于OI的直线;

(b) 如果$I \notin \omega$，那么ω'是一个圆，并且圆ω，ω'的圆心与I共线.

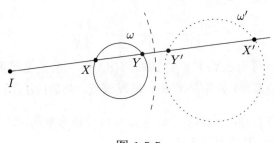

图 1.5.5

证明 (a)这就是命题1.52(b)所描述的情况. (b)过点I做一条直线分别与圆ω相交于点X和Y，并设它们的反演点分别为X'和Y'.

再一次，我们得到

$$\frac{IX'}{IY} = \frac{1}{IY \cdot IX} = \frac{IY'}{IX}$$

因此，如果考虑位似 $\mathcal{H}(I, \frac{1}{IY \cdot IX})$，则点$X'$，$Y'$依次分别为$Y$，$X$的像. 由点到圆的幂可得，即使点$X$、$Y$在圆$\omega$上移动，$\frac{1}{IY \cdot IX}$是一个常数. 因此作为点的集合，$\omega'$是圆$\omega$在位似变换$\mathcal{H}$下所得的像,于是不可避免的它也是一个圆,并且圆$\omega$，$\omega'$的圆心与$I$共线.

需要强调的是，虽然圆通常被映射为圆，但这种映射关系并不存在于它们的圆心之间！在关于I的反演中，哪些图形是相互对应的(图1.5.6)？

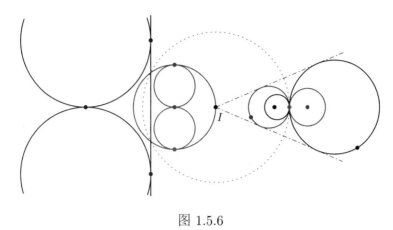

图 1.5.6

其中的秘诀在于如何在解题中应用反演变换，而我们的主导思想是将图形和所求的结论一起进行反演变换，从而得到一个与原题等价的问题. 大多数情况下(但并非总是如此)，这个等价的问题远比原题容易解决.

正如我们将在第一个例题中看到的，如果很多圆经过一个公共点，则在关于这个点的反演变换下通常可以得到一个简单得多的图形.

例题1.21. (IMO 2003)如 图1.5.7，Γ_1，Γ_2，Γ_3，Γ_4为不同的圆，并且满足圆Γ_1与Γ_3外切于点P，圆Γ_2 与Γ_4也外切于点P. 假设Γ_1与Γ_2，Γ_2与Γ_3，Γ_3与Γ_4，Γ_4与Γ_1分别相交于点A，B，C，D，并且这些点都不与P重合. 求证

$$\frac{AB \cdot BC}{AD \cdot DC} = \frac{PB^2}{PD^2}$$

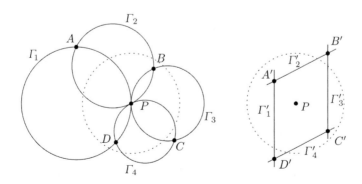

图 1.5.7

证明 关于点P进行反演变换，并用标准的表示法$X \to X'$进行标注.

因为圆Γ_1与Γ_3外切于点P，它们的圆心与P共线，并且这两个圆将被变换为一对平行线.圆Γ_2和Γ_4也适用这个方法. 现在观察可得点A'，B'，C'，D'为两组平行线的交点，因此他们依此顺序构成了一个平行四边形.特别地，得到$A'B' = C'D'$，$B'C' = A'D'$. 由命题1.51(b)，将原图中的长度代入等式，可得

$$\frac{AB}{PA \cdot PB} = \frac{CD}{PC \cdot PD}, \quad \frac{BC}{PB \cdot PC} = \frac{AD}{PD \cdot PA}$$

将两个关系式相乘即可得到所求证的结论.

上题的证明过程很简短，然而关于如何证明反演变换后的度量相等关系，它并没能给出任何指导性的方法.在下一个例题中，我们将尽力使它更易于理解，思路就是进行命题1.51(c)中的计算，以便看看所求的度量条件是如何变换到反演后的图形中的.

这个题目给出的角度相关条件很少见，这激起了我们使用反演变换的想法，希望变换后它们变成更便于使用的条件.

例题1.22. (IMO 1996)如图1.5.8，P为$\triangle ABC$内一点，满足$\angle APB - \angle ACB = \angle APC - \angle ABC$.设点$D$，$E$分别为$\triangle APB$，$\triangle APC$的内心.求证：直线$AP$，$BD$，$CE$相交于一点.

证明 我们想要证明$\angle PBA$，$\angle ACP$的角平分线都与AP相交于同一点Z. 在$\triangle PBA$和$\triangle PCA$中，由角平分线定理可知，当且仅当

$$\frac{AB}{PB} = \frac{AZ}{ZP} = \frac{AC}{PC}$$

时，这种情况会发生.因此，只需证明

$$\frac{AB}{PB} = \frac{AC}{PC}$$

或

$$AB \cdot PC = AC \cdot PB$$

关于点A进行反演变换，我们先来找到要证明的关系式在变换后发生了怎样的变化. 由命题1.51(c)可得，变换后需要我们证明的是

$$\frac{1}{AB'} \cdot \frac{P'C'}{AP' \cdot AC'} = \frac{1}{AC'} \cdot \frac{P'B'}{AP' \cdot AB'}$$

或等价的$P'C' = P'B'$.

接下来将已知的角度关系变换到反演后的图形里，由命题1.51(a)可得

$$\angle P'B'A - \angle C'B'A = \angle P'C'A - \angle B'C'A$$

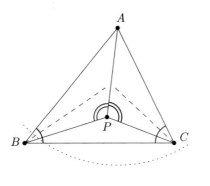
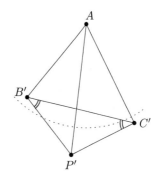

图 1.5.8

或等价的∠$P'B'C'$ = ∠$P'C'B'$，于是△$P'C'B'$为等腰三角形，而这正是我们需要的! 由此证明完成.

为了牢固掌握上述的技巧，我们强烈建议读者们尝试通过关于P的反演变换再证明一次这个例题，其中的计算是非常类似的.

与上一道例题不同，这次我们将不会通过反演变换使题目改头换面，而是在保留结构的同时考虑反演的一些效果. 在这种情况下，选择适当的反演半径通常起到举足轻重的作用.

例题1.23. (伊朗1995)如图1.5.9，在△ABC中，点M，N，P分别为其内切圆与边BC，CA，AB的切点.求证：△MNP的垂心，△ABC 的内心I，△ABC的外心O共线.

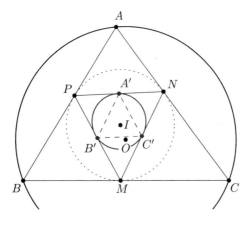

图 1.5.9

证明 注意到，因为I是△MNP的外心，所以事实上我们要证明的是点O位于△MNP的欧拉线（见例题1.3）上. 我们关于内切圆进行反演变换.

由命题1.50可知，点A，B，C所成的像A'，B'，C'分别为NP，MP，MN的中点，所以△ABC的外接圆变换为△$A'B'C'$的外接圆，也就是△MNP的九点圆. 用X表示这个九点圆的圆心.

因为圆心、像的圆心以及反演中心共线，则点O，X，I在一条直线上（注意：X并不是O的反演点）. 然而，由命题1.37可知，点I与X都在△MNP的欧拉线上，因此点O也在这条直线上. 由此结论得证.

$\sqrt{bc}$–反演

本书将介绍的最后一个技巧将反演变换与逆平行线以及三角形几何联系在一起. 已知△ABC，我们将考虑如下的变换：首先将点X关于∠A的角平分线做镜射得到点X'，然后将X'关于以点A为圆心、以$\sqrt{bc}$为半径的圆做反演变换，得到点X''. 我们称点X''为点X在$\sqrt{bc}$–反演中所得的像.

这个看起来很复杂的定义可以带来很多直接而且令人欣喜的结果.

命题1.54. ($\sqrt{bc}$–反演的性质)如图1.5.10，在△ABC中，直线ℓ为角平分线（此处需标明为∠A的角平分线），ω 为三角形的外接圆. 如果在此三角形中考虑$\sqrt{bc}$–反演，则以下结论成立：

(a) 点B映射为点C，点C映射为点B;

(b) 圆ω映射为直线BC，直线BC映射为圆ω;

(c) 对于点$X \neq A$，直线AX与AX'是等角的.

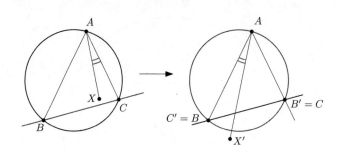

图 1.5.10

证明 (a)因为AB与AC关于ℓ对称，所以B'的反演点也在射线AC上，并且由反演的定义可得

$$AB \cdot AB' = AB \cdot AC$$

也就是$AB' = AC$，即$B' = C$.

同理点C也映射到点B，于是(a)得证.

(b) 观察可得圆ω的像是一条经过点$B' = C$和点$C' = B$的直线.

(c) 无须多言，参见定义.

$\sqrt{bc}$–反演变换的能力将在以下两个例题中表现得淋漓尽致.

例题1.24. 如图1.5.11，ω为$\triangle ABC$的外接圆，圆ω_1内切于$\angle BAC$并与圆ω内切于点T. 设BC与A–旁切圆的切点为D. 求证：$\angle BAT = \angle DAC$.

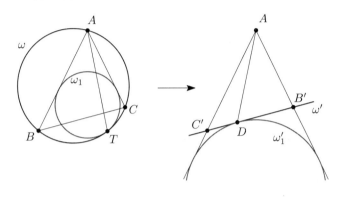

图 1.5.11

证明 应用$\sqrt{bc}$–反演变换.

观察可得ω_1'仍然内切于$\angle BAC$，并且由于ω_1与ω内切，则ω_1'与BC外切，也就是说，ω'是$\triangle ABC$的A–旁切圆.

因此在$\sqrt{bc}$–反演变换中，T与D互为反演点，于是结论得证.

例题1.25. (塞尔维亚2008)如图1.5.12，已知$\triangle ABC$，点D，E在直线AB上，并且满足$AD = AC$，$BE = BC$，其中点D，A，B，E在直线上依此顺序排列. $\angle A$，$\angle B$的角平分线分别与BC，AC相交于点P，Q，并且分别与$\triangle ABC$的外接圆相交于点M和点N. 经过点A和$\triangle BME$的外心O_1的直线，与经过点B和$\triangle AND$的外心O_2的直线相交于点X. 求证：$CX \perp PQ$.

证明 我们通过长度计算找到点E，并通过角平分线定理（见命题1.10）得到

$$AE \cdot AQ = (a+c) \cdot \frac{bc}{a+c} = bc$$

于是在$\sqrt{bc}$–反演变换中，点E与Q，点P与M分别互为反演点. 因此$\triangle BME$的外接圆与$\triangle CPQ$的外接圆相对应，其中$\triangle CPQ$的外接圆圆心为O.

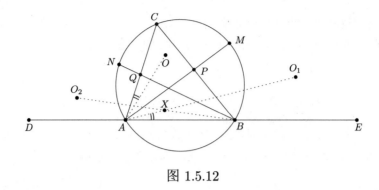

图 1.5.12

    所以,由命题1.53(b)和1.54(c),在$\angle BAC$中,直线AO与AO_1互为等角线. 类似地,在$\angle ABC$中,直线BO与BO_2也互为等角线. 于是由命题1.26可得,点O与点X关于$\triangle ABC$等角共轭.

    最后,在$\triangle CQP$中,直线CX与CO互为等角线,因此由命题1.17可得,CX为高线,于是结论得证.

第2章 入门题

1. 请判断在图2.1中所示的车里，司机的座位在哪一侧.

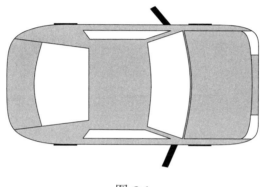

图 2.1

2. 在Rt$\triangle ABC$中，斜边为BC，D是以A为顶点的高的垂足. 求证

$$BD \cdot DC = DA^2, \quad BD \cdot BC = BA^2, \quad CD \cdot CB = CA^2$$

3. 已知$ABCD$为平行四边形，$\angle A$，$\angle B$的角平分线相交于边CD上的点E. 求证：$\triangle AEB$为直角三角形，并且$AB = 2AD$.

4. AB为一条固定的线段，$d > 0$. 求平行四边形中心点O的轨迹，其中$BC = d$.

5. 固定的点O到两条平行线的距离相等，经过点O作可变直线分别与平行线相交于点X，Y. 求点Z的轨迹，使得$\triangle XYZ$为正三角形.

6. 凸四边形$ABCD$被它的两条连接对边中点的直线分成四块. 求证：经过重新放置，这四个图形可重组为一个平行四边形.

7. 在$\triangle ABC$中，边BC上有两个动点D，E，满足$BD = CE$，M为AD的中点. 求证：所有可能的直线ME都经过一个定点.

8. 求证：将以不同点O_1和O_2为中心的两个点镜射组合起来（即先进行一个镜射，然后再进行另一个），其结果为平移.

9. 在锐角三角形$\triangle ABC$中，A_1，B_1，C_1分别为所在边的中点，点A_0，B_0，C_0分别为高线在各边上的垂足. 求证：闭环折线$A_0B_1C_0A_1B_0C_1A_0$的长度等于$\triangle ABC$的周长.

10. ω_1与ω_2为半径不相等的两个固定的圆，并且外切于点T. 点$A \in \omega_1$与点$B \in \omega_2$可取为所有能满足$\angle ATB = 90°$ 的点. 求证：所有满足条件的直线AB经过一个固定的点.

11. 在$\triangle ABC$中，M，N，P分别表示其所在边BC，CA，AB的中点，J，K，L分别表示$\triangle APN$，$\triangle BMP$，$\triangle CNM$的内心.

   (a) 求证：$\triangle JKL \backsim \triangle ABC$.

   (b) 求证：直线JM，KN，LP相交于直线IG上的一点，其中，点I和G分别是$\triangle ABC$的内心和重心.

12. 在 $\triangle ABC$ 中，$AB < AC$. 点 A_0 是以 A 为顶点的高的垂足，点 D 为三角形内切圆与边 BC 的切点，K 为 $\angle A$ 的角平分线与 BC 的交点，M 为 BC 的中点. 求证：点 A_0，D，K，M 互不重合并依此顺序排列在直线 BC 上.

13. ω 是以点 O 为圆心、半径为 R 的固定的圆，A 为圆外一点. X 为圆 ω 上一个动点，满足 A，O，X 不共线.$\angle AOX$ 的角平分线与 AX 相交于点 Y. 求点 Y 的轨迹.

14. 一个动点 X 沿以 AB 为直径的半圆 ω 运动，但 $X \neq A$ 并且 $X \neq B$. 点 Y 在射线 XA 上，并满足 $XY = XB$. 求点 Y 的轨迹.

15. $ABCDEF$ 为一个可变正六边形，其中顶点 A 为固定点，而六边形的中心 O 延一条已知直线运动. 求证：其余五个顶点也都沿直线运动，并且这些直线相交于一点.

16. $ABCD$ 为圆内接四边形，点 H_d，H_c 分别为 $\triangle ABC$，$\triangle ABD$ 的垂心.

 (a) 求证：点 A，B，H_d，H_c 在同一个圆上.

 (b) 作出 $\triangle BCD$ 与 $\triangle CDA$ 的垂心 H_a，H_b，求证：四边形 $ABCD$ 与四边形 $H_a H_b H_c H_d$ 全等.

17. 在 $\triangle ABC$ 中，内切圆在边 AB，AC 上的切点分别为 D，E. 此外，点 X 为 $\triangle BIC$ 的外心，其中，点 I 是 $\triangle ABC$ 的内心. 求证：$\angle XDB = \angle XEC$.

18. 在斜锐角 $\triangle ABC$ 中，垂心为 H. 求证：$\triangle BHC$，$\triangle CHA$，$\triangle AHB$ 的欧拉线相交于一点，并且此点在 $\triangle ABC$ 的欧拉线上.

19. 在△ABC中，点D为以A为顶点的高的垂足. 经过点A并平行于BC的直线与△ABC的外接圆ω二次相交于点E. 求证：直线DE经过△ABC的重心.

20. 圆ω_1，ω_2的圆心分别为相距10个长度单位的点O_1，O_2，半径分别为1个和3个长度单位. 求线段XY的中点M的轨迹，其中$X \in \omega_1$，$Y \in \omega_2$.

21. 已知圆ω，点A，B，C在ω上，并且满足△ABC为锐角三角形. 点X，Y，Z也在圆ω上，并且满足$AX \perp BC$于点D，$BY \perp AC$于点E，$CZ \perp AB$于点F. 求证

$$\frac{AX}{AD} + \frac{BY}{BE} + \frac{CZ}{CF}$$

的值与A，B，C的选择无关.

22. 在△ABC中，$\angle A = 90°$，L为边BC上一点. △ABL，△ACL的外接圆分别与AC，AB二次相交于点M，N. 求证：$BM \perp CN$.

23. △ABC为一个锐角三角形. 点X的垂足三角形是由X在三角形三边上的投影构成的三角形.若I，O，H 分别为△ABC的内心、外心、垂心，则：

   (a) 求证：I是其垂足三角形的外心;

   (b) 求证：O是其垂足三角形的垂心;

   (c) 求证：H是其垂足三角形的内心.

24. 已知△ABC为直角三角形，在其斜边AB上向外延伸出正方形ABDE.求证：∠C的角平分线将正方形ABDE分为面积相等的两部分.

25. 在菱形ABCD中，点P在边BC上，点Q在边CD上，并且满足$BP = CQ$. 求证：△APQ的重心在线段BD 上.

26. 在△ABC中，点M，N分别在边AB，AC上，并且满足

$$\frac{BM}{AB} = 2 \cdot \frac{CN}{AC}$$

一条直线与MN垂直，垂足为N，并且与边BC相交于点P. 求证：∠MPN = ∠NPC.

27. 在△ABC中，∠A的外角平分线与BC相交于点D. 求证：

(a) $\frac{DB}{DC} = \frac{AB}{AC}$.

(b) 如果点E ∈ AC，F ∈ AB分别为所在直线与对角的外角平分线的交点，则D，E，F共线.

28. △ABC为锐角三角形. 分别取点K，L，M，N使得ABMN与LBCK分别为由三角形的边向外延伸的两个全等的矩形. 求证：直线AL，NK，MC相交于一点.

29. 在凸四边形ABCD中，对角线互相垂直于点O. 求证：点O关于直线AB，BC，CD，DA分别镜射所得的四个像，四点共圆.

30. 在圆内接四边形ABCD中，I_1，I_2分别为△ABC，△ABD 的内心.

(a) 求证：ABI_1I_2为圆内接四边形.

(b) 分别取△CDA，△BCD的内心I_3，I_4，求证：$I_1I_2I_3I_4$为矩形.

31. 在△ABC中，M为边BC的中点. 点K在线段AM上，并且满足CK = AB. L为CK与AB的交点. 求证：△AKL为等腰三角形.

32. 在△ABC的外接圆上，点A_1，B_1，C_1分别为$\overset{\frown}{BC}$，$\overset{\frown}{CA}$，$\overset{\frown}{AB}$（分别不含点A，B，C）的中点. 点A_2，B_2，C_2分别为△ABC 的内切圆与BC，CA，AB的切点. 求证：直线A_1A_2，B_1B_2，C_1C_2 共点.

33. 在△ABC中，点I为内心，点E为A-旁心. 进一步地，设外接圆上不含点A的$\overset{\frown}{BC}$的中点为M，并且$D = AI \cap BC$. 求证以下等式:

    (a) $AD \cdot AM = AB \cdot AC$;

    (b) $AI \cdot AE = AB \cdot AC$;

    (c) $MA \cdot ID = MI \cdot AI$.

34. 在△ABC中，点M，N分别为边AB，AC上的动点，并且满足$\dfrac{BM}{MA} = \dfrac{AN}{NC}$. 求证：△AMN的外接圆会通过除点A外的另一个定点.

35. 已知△ABC及其内部一点D. 点E，F满足△AFB $\backsim$ △CEA $\backsim$ △CDB，并且点B与E在直线AC的两侧，点C与F在直线AB的两侧. 求证：AEDF为平行四边形.

36. 已知△ABC，由它的三个边分别向外构造正△BCD，△CAE和△ABF. 求证：这三个正三角形的重心A_1，B_1，C_1也组成一个正三角形.

37. 设X为△ABC平面内一点，满足

$$\frac{1}{XA} : \frac{1}{XB} : \frac{1}{XC} = a : b : c$$

求证：点A，B，C在关于X的反演变化后所成的像组成一个正三角形.

38. 在梯形ABCD中，$BC /\!/ AD$，并且$\angle CBA = 90°$. 设M为AB上一点，满足$\angle CMD = 90°$. AK为△DAM的一条高线，BL为△MBC的一条高线. 求证：直线AK，BL，CD相交于一点.

39. 已知以V为顶点的角和角内一点A，点X，Y分别在角的两条边线上，满足$VX = VY$，并且$AX + AY$的值最小. 求证：$\angle XAV = \angle YAV$.

40. 在△ABC中，AB = AC. K，L分别为AB，AC上的点，且满足KL = BK + CL. M为KL的中点，经过点M并平行于AC的直线与BC相交于点N. 求∠KNL.

41. 在△ABC中，点D为内切圆 ω 与BC的切点. 设DX为圆ω的一条直径. 求证：如果∠BXC = 90°，则5a = 3(b + c).

42. 已知△ABC的外心为O，垂心为H，外径为R.求证：OH < 3R.

43. 圆ω_a，ω_b分别与圆ω内切于不同的点A，B. 此外，它们也相切于点T，用P表示AT与圆ω的另一个交点. 求证：BP垂直于BT.

44. 在锐角△ABC中，H为垂心. 设A'，B'，C'分别为A，B，C关于H的反演点. 求证：H为△A'B'C'的内心. 如果△ABC为钝角三角形，结论又会如何？

45. 圆ω_a，ω_b分别与圆ω内切于不同的点A，B，并且两圆相切于点T.经过点T作两圆公切线，并设其与圆ω的一个交点为P. 设直线PA，PB分别与圆ω_a，ω_b二次相交于点X，Y. 求证：XY是圆ω_a与ω_b的一条公切线.

46. 在△ABC中，点D是以A为顶点的高线的垂足. 设E和F 在经过点D的直线上，满足AE垂直于BE，AF垂直于CF，并且E 与F 都不与D 重合. 设M，N分别为线段BC，EF的中点. 求证：AN垂直于NM.

47. 已知平面中的四个互异点P，Q，R和S，满足四边形PQRS为非平行四边形. 求矩形的中心O的轨迹，其中矩形的边AB，BC，CD和DA分别经过点P，Q，R和S.

48. 设ω为一个圆，BC为圆上一条固定的弦，A为优弧BC上的一个动点. M为线段AB上一点，满足$AM = 2MB$，K为M在AC上的投影. 求证：点K的轨迹是一段圆弧.

49. 在$\triangle ABC$中，中线的等角线被称为类似中线. 设ω为$\triangle ABC$的外接圆.

   (a) 如果$\angle A \neq 90°$，经过点B，C分别作圆ω的切线，并设这两条切线的交点为T. 求证：在$\triangle ABC$中，直线AT为A-类似中线.

   (b) 设$\triangle ABC$中，A-类似中线与圆ω二次相交于点S. 求证：

$$BS \cdot AC = CS \cdot AB$$

50. A，B，C，D为平面上四个不共圆的互异点，取三个点为一组，关于第四个点进行反演变换.求证：反演所得的四个三角形两两相似.

51. 圆ω内切于$\angle EAF$，其中与AE的切点为E，与AF的切点为F. 在线段AE和AF上分别选取一点B和D，分别过点B，D作圆ω的另一条切线（不与AE，AF重合），并设其交点为C. 求证：

   (a) $AB + BC = CD + DA$.

   (b) $\triangle ABD$，$\triangle BCD$的内切圆与BD的切点关于BD的中点对称.

52. $\triangle ABC$内接于以点O为圆心、半径为R的圆ω. I为$\triangle ABC$的内心，r为其内径. 求证：$OI^2 = R^2 - 2Rr$.

53. 定制化的反演.

   (a) 设ω为一个圆，I为圆外一点. 求证：存在以I为圆心的圆i，使得圆ω关于i反演变换所成的像就是它本身.

   (b) 设圆ω_1，ω_2，ω_3的圆心不共线，并且三个圆两两之间分别在彼此的外部. 求证：存在一个圆i，使得ω_1，ω_2，ω_3关于i反演变换所成的像分别是其本身.

第3章 提高题

1. 在锐角△ABC中，E，F分别为三角形的内切圆与边AB，AC的切点，L，M分别为以B，C为顶点的高的垂足. 求证：△ALM 的内心I' 与△AEF的垂心H'重合.

2. 在△ABC中，$\angle BAC = 120°$，D，E，F分别表示三个角的角平分线与其对边BC，CA，AB的交点.求$\angle EDF$.

3. 在△ABC中，$AB = AC$. 设BC的中点为D，AD的中点为M，D在BM上的投影为N. 求证：$\angle ANC = 90°$.

4. 在锐角△ABC中，$\angle A = 60°$，$AB > AC$，I为三角形的内心.

   (a) 若H为△ABC的垂心，求证

   $$2\angle AHI = 3\angle B$$

   (b) 若M为AI的中点，求证：M在△ABC的九点圆上.

5. 四边形ABCD内接于圆ω，且圆心O在四边形内部. 直线r，s分别为AB关于$\angle CAD$，$\angle CBD$角平分线的镜射.若设点P为r与s的交点，求证：OP垂直于CD.

6. 在△ABC中，$AB < AC$. 设顶点B在$\angle A$角平分线上的垂足为X.

(a) 设AB，BC的中点分别为M，P.求证：X在MP上.

(b) 设$\triangle ABC$的内切圆与BC，AC的切点分别为D, E. 求证：X在线段DE上.

7. 在锐角$\triangle ABC$中，I为内心. BK，CL分别为角平分线，点K在边AC上，点L 在边AB上. LC的中垂线与直线BK相交于点M，点N在直线CL 上，且满足NK 平行于LM. 求证：$NK = NB$.

8. 圆ω_1，ω_2的半径分别为R_1，R_2，两圆内切于点N（圆ω_1在ω_2 里面）.在圆ω_1任取一点K，过K作圆ω_1的切线并与ω_2相交于点A和点B. M 为圆ω_2上不包含点N的$\overset{\frown}{AB}$的中点. 求证：$\triangle KBM$的外接圆半径R 与K的选择无关.

9. 圆Γ_1，Γ_2的圆心分别为O_1，O_2，它们的外公切线分别与两个圆相切于点A_1，A_2. 以A_1A_2为直径的圆与Γ_1，Γ_2 分别二次相交于点B_1，B_2. 求证：直线A_1B_2，B_1A_2，O_1O_2 相交于一点.

10. 一个圆经过平行四边形$ABCD$的顶点A，并且分别与线段AB，AC，AD二次相交于点P，Q，R. 求证

$$AP \cdot AB + AR \cdot AD = AQ \cdot AC$$

11. 在$\triangle ABC$中，内心为I，$D = AI \cap BC$，并且满足$b + c = 2a$. 求证：

(a) $GI // BC$，其中G为$\triangle ABC$的重心；

(b) $\angle OIA = 90°$，其中O为$\triangle ABC$的外心；

(c) 设E，F分别为AB，AC的中点，则I为$\triangle DEF$的外心.

12. 点B，D，C共线并依此顺序排列，$BD \neq DC$. 求满足$\angle BXD = \angle DXC$的点X的轨迹.

13. 已知$\triangle ABC$，P为一个动点，沿三角形外接圆ω上不包含点C的$\overset{\frown}{AB}$运动.设点X，Y分别在射线BP，CP上，并满足$BX = AB$，$CY = AC$.求证：所有满足条件的直线XY都经过一个定点，并且此定点与P的选择无关.

14. 在$\triangle ABC$内有四个半径相等的圆ω，ω_a，ω_b，ω_c，并且圆ω_a与边AB，AC相切，圆ω_b与边BC，BA相切，圆ω_c与边CA，CB相切，此外圆ω与圆ω_a，ω_b，ω_c均外切. 若$\triangle ABC$的三个边长分别为13，14，15，求圆ω的半径.

15. 断开的圆.

   (a) 在平行四边形$ABCD$中有一点P，满足$\angle BPC + \angle DPA = 180°$. 求证：$\angle CBP = \angle PDC$.

   (b) 在梯形$ABCD$中，$AB // CD$并且$AB > CD$.点K，L分别在直线段AB，CD上，满足$\dfrac{AK}{KB} = \dfrac{DL}{LC}$. 假设在直线段$KL$上存在点$P$和$Q$，满足$\angle APB = \angle DCB$，$\angle CQD = \angle CBA$. 求证：点$P$，$Q$，$B$，$C$四点共圆.

16. 在等腰$\triangle ABC$中，BC为底边. 设P为$\triangle ABC$内的一点，满足$\angle CBP = \angle ACP$，用M表示底边BC的中点.求证：$\angle BPM + \angle CPA = 180°$.

17. $\triangle ABC$为非直角三角形，垂心为H，外接圆为ω.

   (a) P为ω上一点. 求证：点P关于$\triangle ABC$三边的镜射与H共线，并且P关于$\triangle ABC$的西姆森线平分线段PH.

   (b) 设ℓ为一条经过点H的直线，用ℓ_a，ℓ_b，ℓ_c分别表示它关于$\triangle ABC$相应边的镜射. 求证：ℓ_a，ℓ_b，ℓ_c都经过圆ω上的同一点.

18. 圆ω_a与圆ω_b外切于点T, 它们分别与外公切线ℓ 相切于点A, B. 设圆ω为曲边$\triangle ABT$的内切圆, 圆心为O、半径为r. 求证: $OT \leqslant 3r$.

19. $\triangle ABC$内接于圆ω, 分别用R, r, r_a, r_b, r_c 表示它的外径、内径和三个旁切圆半径.

 (a) 用M表示边BC的中点, 用N表示圆ω上包含顶点A的$\overset{\frown}{BC}$的中点. 求证

$$MN = \frac{1}{2}(r_b + r_c)$$

 (b) 求证

$$r_a + r_b + r_c = 4 \cdot R + r$$

 (c) 设D, E, F分别为圆ω上不包含A, B, C的$\overset{\frown}{BC}$, $\overset{\frown}{CA}$, $\overset{\frown}{AB}$的中点. 求证: 六边形$AFBDCE$的周长至少为$4(R + r)$.

20. 已知平面内有三个圆ω_1, ω_2和ω_3, 并且它们互相在彼此的外部. 圆ω分别与它们外切于点A_1, A_2, A_3, 圆Ω 分别与它们内切于点B_1, B_2, B_3. 求证: 直线A_1B_1, A_2B_2, A_3B_3交于一点.

21. 在$\triangle ABC$中, 边BC上有两点K, L, 满足$\angle BAK = \angle CAL < \frac{1}{2}\angle A$. 设$\omega_1$为任意分别与直线$AB$, AL相切的圆, ω_2 为任意分别与直线AC, AK相切的圆, 并假设ω_1与ω_2 相交于点P和Q. 求证: $\angle PAC = \angle QAB$.

22. 已知$\triangle ABC$为一锐角三角形. 经过顶点A及三角形外心O的圆分别与AB, AC相交于点P, Q. 求证: $\triangle POQ$的垂心在直线BC上.

23. 点O为$\triangle ABC$的外心. 分别在边AB, AC上取在点M, N, 满足$\angle NOM = \angle A$. 求证: $\triangle MAN$ 的周长不小于边BC 的边长.

24. 在不等边$\triangle ABC$中，H为垂心，I为内心. 直线ℓ_a垂直于$\angle A$的角平分线，并经过边BC的中点. 类似地有直线ℓ_b和ℓ_c. 求证：由这三条直线围成的三角形的外心O_1在直线IH上.

25. 圆ω_a与圆ω_b外切于点T，并分别与圆ω内切于点A，B. 过点T作ω_a与ω_b的公切线，设公切线与圆ω的交点之一为S. 直线AS与圆ω_a二次相交于点C，直线BS与圆ω_b二次相交于点D. 直线AB分别与圆ω_a二次相交于点E、与圆ω_b二次相交于点F. 求证：直线ST，CE，DF相交于一点.

26. 求最短路径.

   (a) 设ℓ为一条直线，A，B为直线同侧的两个点. 求：对于所有$L \in \ell$来说，哪一个L使得$AL + LB$最小？

   (b) $\triangle ABC$为一个锐角三角形，$\triangle DEF$的顶点D，E，F分别在边BC，CA，AB上. 请找出所有$\triangle DEF$中周长最小的那一个.

27. 已知一个弓形以A，B为端点，圆ω_1，ω_2分别与弓形内切，并相互外切于点T，直线ℓ为其内公切线.

   (a) 求证：直线ℓ经过一个定点，并且此定点与圆ω_1，ω_2的位置无关.

   (b) 设直线ℓ与$\overset{\frown}{AB}$的交点为C. 求证：T为$\triangle ABC$的内心.

28. 在凸四边形$ABCD$中，$BC = DA$，并且BC不与DA平行. E，F分别为边BC，DA上的动点，满足$BE = DF$. 直线AC与BD相交于点P，直线BD与EF相交于点Q，直线EF与AC相交于点R. 求证：当点E与F运动时，$\triangle PQR$的外接圆都经过除P以外的另一个公共点.

29. 四边形$ABCD$内接于以O为圆心、以AB为直径的半圆ω，直线CD与AB相交于点M. 设K为$\triangle AOD$的外接圆与$\triangle BOC$的外接圆的第二个交点. 求证：$\angle MKO = 90°$.

30. 点C为线段AB的中点. 圆ω_1经过点A和点C，圆ω_2经过点B和点C，ω_1与ω_2相交于两个不同的点C和点D. 点P为圆ω_1上不包含点C的$\overset{\frown}{AD}$的中点. 类似地，点Q为圆ω_2上不包含点C的$\overset{\frown}{BD}$的中点.求证：$PQ \perp CD$.

31. 设以BC为半径的圆ω上一段固定的弦，A为圆ω的优弧BC上的一个动点，满足$\triangle ABC$为锐角三角形，并且$\angle A \neq 60°$，点H为其垂心.

   (a) 求证：点H关于$\angle A$的角平分线所成的镜像H'，沿着圆运动.

   (b) 求证：点H在$\angle A$的角平分线上的投影X，也沿着圆运动.

32. 锐角$\triangle ABC$内接于圆ω，设A'为点A在BC上的投影，B'，C'分别为A'在AC，AB上的投影. 直线$B'C'$与圆ω相交于点X和Y，直线AA'与圆ω二次相交于点D. 求证：A'为$\triangle XYD$的内心.

33. 已知$\triangle ABC$，设点B_1与B_2，C_1与C_2分别在边AB，AC上，满足$\dfrac{BB_1}{BB_2} = \dfrac{CC_1}{CC_2}$. 求证：$\triangle ABC$，$\triangle AB_1C_1$，$\triangle AB_2C_2$的垂心三点共线.

34. 设$\triangle ABC$为一个不等边三角形，$\angle A$的角平分线与边BC相交于点D，并与$\triangle ABC$的外接圆Ω相交于点A和点E，以DE为直径的圆ω与圆Ω二次相交于点F. 求证：AF是$\triangle ABC$的类似中线[①].

35. 在$\triangle ABC$中，K为边AB的中点，L为边AC的中点. 设$\triangle ABL$外接圆与$\triangle AKC$外接圆的第二个交点为P，AP与$\triangle AKL$外接圆二次相交于点Q. 求证：$2AP = 3AQ$.

36. 一个角度为固定值φ的角绕它的顶点A旋转，并与固定直线ℓ相交于点B和C. 求证：全部$\triangle ABC$的外接圆都与一个固定圆相切.

---

① 详细解释入门题49.

37. 设$\triangle ABC$的外接圆为以O为圆心的圆ω，M，N分别为边AB，AC上的点，$\triangle AMN$的外接圆与圆ω二次相交于点Q，MN与BC的交点为P. 求证：当且仅当$OM = ON$时，PQ与圆ω相切.

38. 在$ABCD$圆内接四边形中，对角线交点P在边AB，CD上的投影分别为E，F，边BC，DA的中点分别为K，L. 求证：直线EF垂直于KL.

39. 已知$\triangle ABC$的内心为I、外接圆为Γ，AI与圆Γ二次相交于点D. 设E为$\overset{\frown}{BDC}$上一点，F为线段BC上一点，满足$\angle BAF = \angle EAC < \dfrac{1}{2}\angle BAC$. 如果$G$为$IF$的中点，求证：直线$EI$与$DG$的交点在圆$\Gamma$上.

40. $ABCDE$为一个正五边形. 若P为平面内任一点，求

$$\frac{PA + PB}{PC + PD + PE}$$

可以取到的最小值.

41. $\triangle ABC$为以$\angle A$为顶角的等腰三角形，它的外接圆为Ω. 在圆Ω的劣弧AC，AB中，分别有一个任意的内接圆ω_b，ω_c，它们分别与圆Ω相切于点B'，C'. 圆ω_b与ω_c的一条外公切线分别与边AC，AB相交于点P，Q. 求证：直线$B'P$与$C'Q$的交点在$\angle BAC$的角平分线上.

42. 已知$\triangle ABC$及其内切圆ω，分别用D_1，E_1表示圆ω与边BC，AC的切点，点D_2，E_2分别在边BC，AC上，满足$CD_2 = BD_1$和$CE_2 = AE_1$. 设线段AD_2与BE_2相交于点P. 圆ω与线段AD_2相交于两个点，设其中离顶点A更近一些的点为Q. 求证：$AQ = D_2P$.

43. 设$\triangle ABC$为一个不等边锐角三角形，M，N，P分别为边BC，CA，AB的中点. AB，AC的中垂线分别与射线AM相交于点D，E，直线BD，CE相交于点F，并且点F在$\triangle ABC$内部. 求证：点A，N，F和P四点共圆.

44. 在 $\triangle ABC$ 中，直线 MN 平行于边 BC，其中点 M 在边 AB 上、N 在边 AC 上. 直线 BN，CM 相交于点 P. $\triangle BMP$ 外接圆与 $\triangle CNP$ 外接圆相交于互异的两个点 P 和 Q. 求证：$\angle BAQ = \angle CAP$.

45. 在凸六边形 $ABCDEF$ 中，$\angle B + \angle D + \angle F = 360°$，并且

$$\frac{AB}{BC} \cdot \frac{CD}{DE} \cdot \frac{EF}{FA} = 1$$

求证

$$\frac{BC}{CA} \cdot \frac{AE}{EF} \cdot \frac{FD}{DB} = 1$$

46. 在锐角不等边 $\triangle ABC$ 中，垂心为 H. 设 $180° - \angle A$，$180° - \angle B$，$180° - \angle C$ 的值分别为 α'，β'，γ'. 点 H_a，H_b，H_c 在 $\triangle ABC$ 内部，满足

$$\angle BH_aC = \alpha', \quad \angle CH_aA = \gamma', \quad \angle AH_aB = \beta'$$
$$\angle CH_bA = \beta', \quad \angle AH_bB = \alpha', \quad \angle BH_bC = \gamma'$$
$$\angle AH_cB = \gamma', \quad \angle BH_cC = \beta', \quad \angle CH_cA = \alpha'$$

求证：点 H，H_a，H_b，H_c 四点共圆.

47. 在锐角 $\triangle ABC$ 中，$AB \neq AC$，H 为 $\triangle ABC$ 的垂心，M 为 BC 的中点. 设 D 为边 AB 上一点，E 为边 AC 上一点，满足 $AE = AD$，并且点 D，H，E 在一条直线上. 求证：直线 HM 垂直于 $\triangle ABC$ 外接圆和 $\triangle ADE$ 外接圆的公共弦.

48. 设 $ABCD$ 为一个圆内接四边形，作出 $\triangle ABC$，$\triangle BCD$，$\triangle CDA$ 和 $\triangle DAB$ 的全部旁心. 求证：这十二个点都在一个矩形上.

49. 在 $\triangle ABC$ 中，点 H 为垂心，点 O 为外心，外径为 R. 设点 A 关于直线 BC 的镜射为 D，点 B 关于直线 CA 的镜射为 E，点 C 关于直线 AB 的镜射为 F. 求证：当且仅当 $OH = 2R$ 时，点 D，E，F 三点共线.

50. 在 $\triangle ABC$ 的三边 BC，CA，AB 上分别取点 A_1，B_1，C_1。$\triangle AB_1C_1$，$\triangle BC_1A_1$，$\triangle CA_1B_1$ 的外接圆分别与 $\triangle ABC$ 的外接圆 ω 二次相交于点 A_2，B_2，C_2。点 A_3，B_3，C_3 分别与 A_1，B_1，C_1 关于边 BC，CA，AB 的中点对称。求证：$\triangle A_2B_2C_2$ 与 $\triangle A_3B_3C_3$ 相似。

51. 在锐角 $\triangle ABC$ 中，内切圆 ω 与边 BC 相切于点 K，AD 为其中一条高线，M 是 AD 的中点。如果 N 为圆 ω 与直线 KM（除点 K 以外）的公共点，求证：圆 ω 与 $\triangle BCN$ 的外接圆 ω' 相切于点 N。

52. $\triangle ABC$ 内接于圆 ω，在边 BC 上取一点 D。圆 ω_1 与线段 BD 相切于点 K，与线段 AD 相切于点 L，并与圆 ω 相切于点 T。求证：直线 KL 经过 $\triangle ABC$ 的内心 I。

53. 在凸四边形 $ABCD$ 中，BA 与 BC 长度不同，ω_1，ω_2 分别为 $\triangle ABC$，$\triangle ADC$ 的内切圆。假设存在一个圆 ω 分别与射线 BA，BC 相切于点 A，C 之后的点，并且也分别与直线 AD，CD 相切。求证：圆 ω_1 与 ω_2 的外公切线的交点在圆 ω 上。

第4章　入门题的解答

1. [沙雷金几何奥林匹克竞赛2007] 请判断在图4.1中所示的车里，司机的座位在哪一侧.

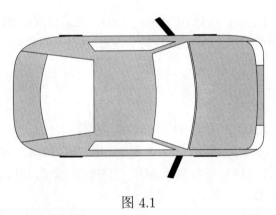

图 4.1

解　考虑汽车后视镜的位置，可以确认司机的座位是在右侧(图4.2).

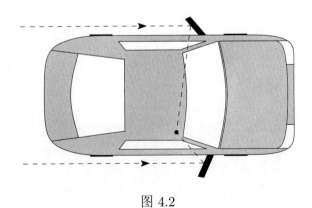

图 4.2

2. 在Rt$\triangle ABC$中，斜边为BC，D是以A为顶点的高的垂足. 求证

$$BD \cdot DC = DA^2, \quad BD \cdot BC = BA^2, \quad CD \cdot CB = CA^2$$

证法1 如图4.3，我们可初步判断出三个Rt$\triangle ABC$，Rt$\triangle DBA$，Rt$\triangle DAC$两两相似.事实上，因为

$$\angle DBA = 90° - \angle ACD = \angle DAC$$

于是由角角判定，可得到所有期望的相似关系.

由$\triangle BDA \backsim \triangle ADC$可得，$\dfrac{BD}{DA} = \dfrac{DA}{DC}$，重写即为$BD \cdot DC = DA^2$.

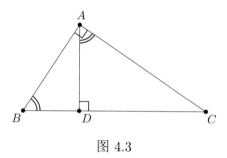

图 4.3

此外，由$\triangle BDA \backsim \triangle BAC$，可得$\dfrac{BD}{BA} = \dfrac{BA}{BC}$，从而证明了第二个关系式. 同理可得第三个关系式.

证法2 因为$\angle BAC$为直角，所以在$\triangle ABC$的外接圆中，BC为直径.因此，AD与这个外接圆的另一个交点A'是点A关于BC的镜射，并且$DA = DA'$. 于是，第一个等式就是点D到$\triangle ABC$外接圆的幂(图4.4).

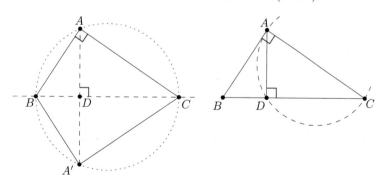

图 4.4

因为直线BA与$\triangle ACD$外接圆的直径垂直，它与此圆相切于点A，所以第二个等式就是点B到$\triangle ACD$外接圆的幂.

同理，第三个等式就是点C到$\triangle ABD$外接圆的幂.

3. 已知$ABCD$为平行四边形，$\angle A$，$\angle B$的角平分线相交于边CD上的点E. 求证：$\triangle AEB$为直角三角形，并且$AB = 2AD$.

证法1 如图4.5，首先，因为直线AD与BC互相平行，所以互补的两个角$\angle DAB$、$\angle ABC$的角平分线相互垂直，即

$$\angle EAB + \angle ABE = \frac{1}{2}(\angle DAB + \angle ABC) = \frac{1}{2} \cdot 180° = 90°$$

于是

$$\angle BEA = 180° - (\angle EAB + \angle ABE) = 90°$$

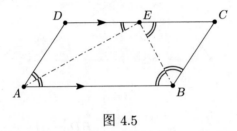

图 4.5

对于第二部分，已知直线AB与CD平行，可得

$$\angle DEA = \angle EAB = \frac{1}{2}\angle A = \angle DAE$$

于是，$\triangle DAE$是以$\angle D$为顶角、边$DE = AD$为腰的等腰三角形. 类似地，也有$EC = BC$.

由此可得

$$AB = DC = DE + EC = AD + BC = 2AD$$

证法2 如图4.6，过E作平行于AD，BC的直线，设它与AB的交点为M. 于是$AMED$与$MBCE$都是平行四边形，并且都有一条角平分线与对角线重合，因此事实上它们都是菱形.

因为本题中的这两个菱形有一条公共边，所以它们全等，并且$AB = 2AD$. 同时，由$ME = MA = MB$可知，点M是$\triangle ABE$的外心，因此$\angle AEB = 90°$.

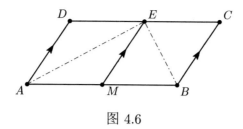

图 4.6

4. AB为一条固定的线段，$d > 0$. 求平行四边形中心点O的轨迹，其中$BC = d$.

解 如图4.7，因为$BC = d$为固定值，因此，在平行四边形中顶点C的轨迹是以B为圆心、以d为半径的圆ω（不含圆与直线AB的两个交点）.

下面只需意识到点O作为平行四边形$ABCD$的中心，是对角线AC的中点. 用M表示AB的中点，并考虑以A为中心、以$\frac{1}{2}$为相似比的位似变换，于是我们得到当C在圆ω上运动时，点O的轨迹为以M为圆心、$\frac{1}{2}d$ 为半径的圆.

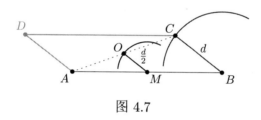

图 4.7

于是所求的轨迹就是以M为圆心、以$\frac{1}{2}d$为半径的圆，其中不包含圆与直线AB的交点.

5. 固定的点O到两条平行线的距离相等，经过点O作可变直线分别与平行线相交于点X，Y. 求点Z的轨迹，使得$\triangle XYZ$为正三角形.

解 如图4.8，由于点O在两条平行线之间的中点处，它是线段XY的中点，并且所有$\triangle XOZ$的形状都相同，也就是正三角形的一半，即"30-60-90"三角形. 因此点Z为X在固定中心为O、伸缩比为$\sqrt{3}$、旋转角为$\pm 90°$的旋转相似变换$\mathcal{S}$下所成的像.

当点X沿着平行线中的一条移动时，Z的轨迹由X在$\mathcal{S}$下的像组成，即一对与已知平行线垂直的直线，点O到这对直线的距离是它到已知平行线距离的$\sqrt{3}$ 倍.

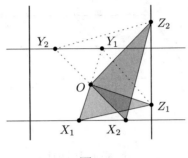

图 4.8

6. 凸四边形$ABCD$被它的两条连接对边中点的直线分成四块.求证：经过重新放置，这四个图形可重组为一个平行四边形.

证明 如图4.9，分别用K，L，M，N表示四个边AB，BC，CD，DA的中点，并且分别用$\mathcal{A}$，$\mathcal{B}$，$\mathcal{C}$，$\mathcal{D}$表示顶点A，B，C，D所在的图形. 我们将这四个图形重新放置，使形成的平行四边形的两组对边分别平行于KM和LN.

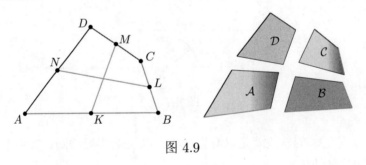

图 4.9

首先，对调$\mathcal{B}$和$\mathcal{D}$，然后分别将$\mathcal{A}$和$\mathcal{C}$ 旋转180°，最后，在共同的顶点处将四个图形粘在一起（图4.10）.

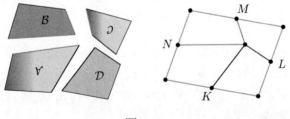

图 4.10

为了证实通过以上操作生成的是平行四边形，观察可知，将四个图形中朝向中间的角相加得到$\angle A + \angle B + \angle C + \angle D = 360°$.

由于点K，L，M，N分别为中点，则在所有拼接处都是将两个相等的线段粘在一起.

最后，由于所有的图形要么经过平移、要么经过180°旋转，因此所有的边都保留了原有的方向.

因此，所得的图形是一个四边形，其中两组对边分别平行于KM和LN，也就是说得到了一个平行四边形.

7. 在△ABC中，边BC上有两个动点D，E，满足$BD = CE$，M为AD的中点. 求证：所有可能的直线ME都经过一个定点.

证法1 如图4.11，因为点D在边BC上移动，AD的中点M的轨迹就是边BC在位似变换$\mathcal{H}(A, \frac{1}{2})$中所成的像，即中位线$C_1B_1$. 并且

$$\frac{C_1M}{MB_1} = \frac{BD}{DC} = \frac{CE}{EB}$$

因此点M和E分别在线段C_1B_1和CB上，分别以相同的"相对"速度向相反的方向运动.

由于$C_1B_1 /\!/ CB$，则存在一个以点$G = BB_1 \cap CC_1$为中心的负位似变换，将B_1C_1映射到BC. 由$\dfrac{C_1M}{MB_1} = \dfrac{CE}{EB}$可知，这个位似变换也将点$M$映射到$E$. 因此直线$ME$也经过点$G$.

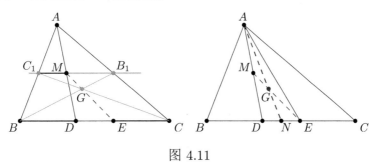

图 4.11

证法2 如图4.12，设点N为线段DE和BC的共同中点. 则△ABC的重心G到点A的距离是点N到点A距离的$\frac{2}{3}$，因此它也是△ADE的重心. 因为EM是△ADE的中线，所以点G在线段EM上. 于是，G即为所求的定点.

证法3 用N表示边BC的中点，并设ME与中线AN的交点为X. 因为$ND = NE$，并且点M，X，E共线，则在△ADE中，由梅涅劳斯定理可得

$$1 = \frac{AM}{MD} \cdot \frac{DE}{EN} \cdot \frac{NX}{XA} = 1 \cdot 2 \cdot \frac{NX}{XA}$$

因为比例 $\dfrac{NX}{XA}$ 与如何选择点 D，E 无关，所以点 X 就是所求的定点（注意：即使当 $D = N$ 且 $\triangle ADN$ 退化时，X 仍在直线 ME 上）．

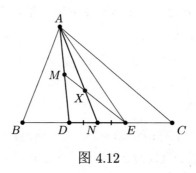

图 4.12

8. 求证：将以不同点 O_1 和 O_2 为中心的两个点镜射组合起来（即先进行一个镜射，然后再进行另一个），其结果为平移．

证明 如图 4.13，设 A 为任意点，A' 为它关于点 O_1 的镜射，A'' 是 A' 关于 O_2 的镜射．

注意到 O_1，O_2 分别为线段 AA'，$A'A''$ 的中点．若点 A 不在直线 O_1O_2 上，则在 $\triangle AA'A''$ 中，线段 O_1O_2 为中位线．因此 AA'' 平行于 O_1O_2，并且长度为后者的两倍．换句话说，点 A'' 是 A 平移了 $2 \cdot \overline{O_1O_2}$ 这段距离后所得的像．

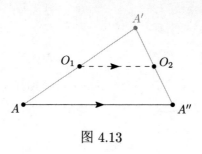

图 4.13

当点 A 在直线 O_1O_2 上时，情况处理起来就没有多复杂了，只需用有向线段即可．具体细节留给读者们完成．

9. 在锐角三角形 $\triangle ABC$ 中，A_1，B_1，C_1 分别为所在边的中点，点 A_0，B_0，C_0 分别为高线在各边上的垂足．求证：闭环折线 $A_0B_1C_0A_1B_0C_1A_0$ 的长度等于 $\triangle ABC$ 的周长．

证明　如图4.14，在图中我们只作出高线BB_0，CC_0和边BC中点 A_1.

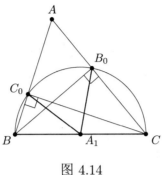

图 4.14

因为$\angle BC_0C$和$\angle BB_0C$都是直角，所以点B_0及C_0都在以BC为直径的圆上，并且圆心就是A_1，半径为$\frac{1}{2}BC$. 因此

$$C_0A_1 + A_1B_0 = \frac{1}{2}BC + \frac{1}{2}BC = BC$$

类似可得$A_0B_1 + B_1C_0 = CA$，并且$B_0C_1 + C_1A_0 = AB$，于是结论得证.

10. ω_1与ω_2为半径不相等的两个固定的圆，并且外切于点T. 点$A \in \omega_1$与点$B \in \omega_2$可取为所有能满足$\angle ATB = 90°$ 的点. 求证：所有满足条件的直线AB经过一个固定的点.

证明　如图4.15，设TU，TV分别为圆ω_1，ω_2的直径，则$\angle UAT = \angle TBV =$ 90°.因此$UA // TB$，并且$AT // BV$. 于是$\triangle UAT$ 与$\triangle TBV$的对应边互相平行.因为UT与TV长度不同，所以这两个三角形是位似的.

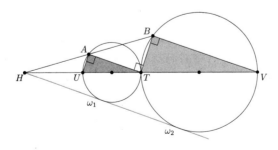

图 4.15

因此所有的直线AB都经过UT与TV之间的正位似变换的中心，这个中心同ω_1与ω_2之间的正位似中心H重合.

11. 在$\triangle ABC$中，M，N，P分别表示其所在边BC，CA，AB的中点，J，K，L分别表示$\triangle APN$，$\triangle BMP$，$\triangle CNM$的内心.

   (a) 求证：$\triangle JKL \backsim \triangle ABC$.

   (b) 求证：直线JM，KN，LP相交于直线IG上的一点，其中，点I和G分别是$\triangle ABC$的内心和重心.

证明　如图4.16.

   (a) 中位线将$\triangle ABC$分为四个两两全等的三角形$\triangle APN$，$\triangle PBM$，$\triangle NMC$和$\triangle MNP$，它们的字母排列顺序都与$\triangle ABC$相同. 于是只需证明$\triangle JKL$中也按照这个顺序排列.

   　　观察$\triangle CNM$与$\triangle BMP$，可以看到线段KL的端点为全等三角形中互相对应的两个点，因此，它与PN平行并等长. 对三角形的其余两个边使用相同的证明方法，可得$\triangle JKL \backsim \triangle ABC$.

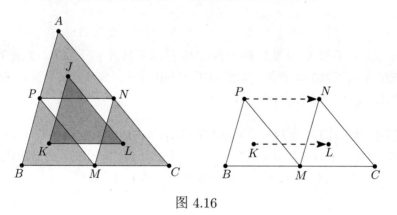

图 4.16

   (b) 如图4.17，由(a)我们得到$\triangle JKL \backsim \triangle ABC \backsim \triangle MNP$，并且其中所有的对应边都互相平行. 因此由命题1.28(b)可得，对应点的连线都经过将$\triangle JKL$映射到$\triangle MNP$的位似变换（本题中是点镜射）的中心X.

   　　最后一步，我们来合成位似变换. 首先注意到AJ，BK，CL都是$\triangle ABC$中的角平分线，因此它们相交于I. 于是，在将$\triangle JKL$映射到$\triangle ABC$的正位似变换中，位似中心为I，而在将$\triangle ABC$映射

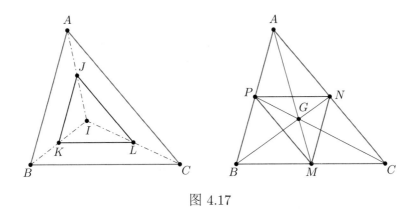

图 4.17

到 $\triangle MNP$ 的负位似变换中，位似中为 G，位似比为 $-\dfrac{1}{2}$. 这就得出它们的组合将 $\triangle JKL$ 映射到 $\triangle MNP$，而这个负位似变换的位似中心是 X，并且，由引理1.31可得，I，G，X 共线. 由此结论得证.

12. 在 $\triangle ABC$ 中，$AB < AC$. 点 A_0 是以 A 为顶点的高的垂足，点 D 为三角形内切圆与边 BC 的切点，K 为 $\angle A$ 的角平分线与 BC 的交点，M 为 BC 的中点. 求证：点 A_0，D，K，M 互不重合并依此顺序排列在直线 BC 上.

证明 如图4.18，设 $\triangle ABC$ 的内心为 I，不含 A 的 $\overset{\frown}{BC}$ 的中点为 S，则点 A_0，D，K，M 分别为 A，I，K，S 在 BC 上的投影（关于 M 为 S 的投影，可参见命题1.38(b)）.

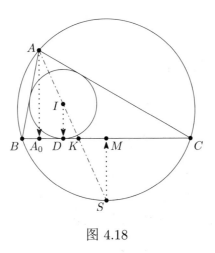

图 4.18

由于点 A，I，K 和 S 两两互异并且依此顺序排列在 $\angle A$ 的角平分线上，则除非∠A的角平分线垂直于BC，否则，这四个点在BC上的投影也两两互异并依此顺序排列. 但显然本题不是这个情况，因为如果AS是BC的中垂线，那么$AB = AC$，这与已知条件矛盾.于是结论得证.

13. ω是以点O为圆心、半径为R的固定的圆，A为圆外一点. X 为圆ω上一个动点，满足A，O，X不共线.∠AOX的角平分线与AX相交于点Y. 求点Y的轨迹.

解 如图4.19，由角平分线定理可得

$$\frac{XY}{AY} = \frac{OX}{OA} = \frac{R}{OA}$$

这是一个固定的值，因此

$$\frac{AX}{AY} = 1 + \frac{XY}{AY} = 1 + \frac{R}{OA}$$

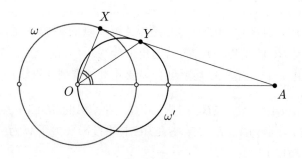

图 4.19

也是定值，于是我们可以说点Y是X在以A为中心、相似比为AY/AX的固定的位似变换下所成的像. 所以，点Y沿着圆ω'运动，其中ω'是圆ω在上述位似变换后得到的像. Y的轨迹可以取到圆ω'上除与直线OA的交点外所有可能的点.

注释：我们鼓励读者们来证明点$O \in \omega'$（尽管它不在所求的轨迹上）.

14. 一个动点X沿以AB为直径的半圆ω运动，但$X \neq A$并且$X \neq B$. 点Y在射线XA上，并满足$XY = XB$. 求点Y的轨迹.

解 如图4.20，由已知条件可知△XYB为等腰直角三角形.因此，点Y是X在旋转相似变换$\mathcal{S}(B, \sqrt{2}, +45°)$中所成的像. 于是所求轨迹就是半圆$\omega$（不含

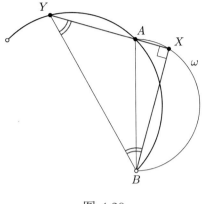

图 4.20

点A和点B）经过这个旋转相似变换后所成的像. 具体说就是：以点B为端点、点A为中点的半圆（不含两个端点）.

15. $ABCDEF$为一个可变正六边形，其中顶点A为固定点，而六边形的中心O延一条已知直线运动. 求证：其余五个顶点也都沿直线运动，并且这些直线相交于一点.

证明 如图4.21，由于$ABCDEF$的形状是确定的，点B，C，D，E，F分别是点O在以A为中心的五个旋转相似变换（其中一些可能退化为旋转或位似变换）.

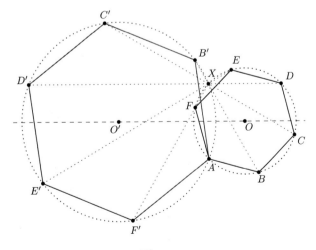

图 4.21

例如，$\mathcal{S}(A, \dfrac{AE}{AO}, \angle(OA, AE))$（可简化为$\mathcal{S}(A, \sqrt{3}, +30°)$）将点$O$映射到$E$，其他的变换也可用类似的方法得到. 因此其余五个顶点的轨迹也都是直线.

现在考虑其中的两个位置，即以O为中心的$ABCDEF$和以O'为中心的$AB'C'D'E'F'$. 如果对旋转相似变换比较熟悉，那么就会回忆起直线BB'，CC'，DD'，EE'，FF'都经过$ABCDEF$的外接圆与$AB'C'D'E'F'$的外接圆的另一个交点X(见命题1.48(a)). 而由于这两个圆关于直线OO'对称，则点X就是点A关于这条直线的镜射，因此与六边形的选择无关.

16. $ABCD$为圆内接四边形，点H_d，H_c分别为$\triangle ABC$，$\triangle ABD$的垂心.

(a) 求证：点A，B，H_d，H_c在同一个圆上.

(b) 作出$\triangle BCD$与$\triangle CDA$的垂心H_a，H_b，求证：四边形$ABCD$与四边形$H_aH_bH_cH_d$全等.

证明 如图4.22.

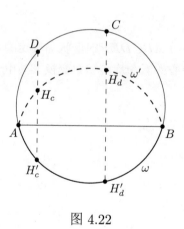

图 4.22

(a) 由命题1.36可知，点H_d，H_c关于直线AB的像H_d'，H_c'位于四边形$ABCD$的外接圆ω上. 于是ω在相同的镜射下得到的像ω'含有点A，B，H_d和H_c，所以显然它们四点共圆.

(b) 因为如果两个四边形中对应的边都平行且等长，那么这两个四边形全等，所以我们只需证明$CD /\!/ H_dH_c$并且$CD = H_dH_c$（如图4.23）.

再一次，我们来研究镜像点H'_d和H'_c，并专注在平行线DH_c与CH_d之间的带状区域.

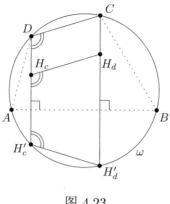

图 4.23

观 察 可 得，DC是$H'_cH'_d$关 于ω中 平 行 于AB的 直 径 的 镜 射，而H_cH_d是$H'_cH'_d$关于AB的镜射.因此，它们长度相等并且都与$H'_cH'_d$关于直线AB逆平行，于是二者互相平行. 由此可完成证明.

17. [中国女子数学奥林匹克竞赛2012] 在△ABC中，内切圆在边AB，AC上的切点分别为D，E. 此外，点X为△BIC的外心，其中，点I 是△ABC的内心. 求证：$\angle XDB = \angle XEC$.

证明 如图4.24，回忆命题1.38(b)可得，△BIC的外心是△ABC的外接圆上$\overset{\frown}{BC}$的中点. 特别地，它也在AI 上，因此我们将它置于竖直方向.

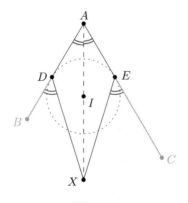

图 4.24

因为$AD = AE$，所以四边形$ADXE$关于AI对称. 由于在对称关系中，$\angle XDB$与$\angle XEC$ 相对应，于是结论得证.

18. 在斜锐角$\triangle ABC$中，垂心为H. 求证：$\triangle BHC$，$\triangle CHA$，$\triangle AHB$的欧拉线相交于一点，并且此点在$\triangle ABC$ 的欧拉线上.

证法1 如图4.25，观察$\triangle BHC$，回想命题1.35(d)可得，它的垂心就是点A，并且它的外接圆与$\triangle ABC$的外接圆关于BC对称.因此，$\triangle BHC$的外心O'是$\triangle ABC$ 的外心O关于BC的镜射.

下面我们来证明AO'与$\triangle ABC$的欧拉线OH相交于固定的一点. 如果用M表示BC的中点，则观察可得AM是$\triangle ABC$与$\triangle AOO'$共同的中线. 因此它们的重心重合于点G. 于是，AO'的中点X在OG上，并且由于重心将中线分为2:1的两段，$2 \cdot GX = GO$. 因此所有的四条欧拉线都经过点X.

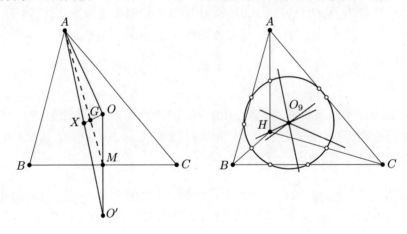

图 4.25

证法2 仔细观察$\triangle BHC$，$\triangle CHA$，$\triangle AHB$的九点圆（见命题1.37），可得事实上它们都与$\triangle ABC$的九点圆重合（如有疑问，参见引理1.34）．因此全部四条欧拉线都经过共同的九点圆圆心O_9.

19. [改编自IMO 2011] 在$\triangle ABC$中，点D为以A为顶点的高的垂足. 经过点A并平行于BC的直线与$\triangle ABC$的外接圆ω二次相交于点E. 求证：直线DE经过$\triangle ABC$的重心.

证明 如图4.26，用M表示BC的中点、X表示AM与DE的交点. 于是只需证明$MX : XA = 1 : 2$.

由$\triangle MXD$与$\triangle AXE$相似可得

$$\frac{MX}{XA} = \frac{DM}{AE}$$

因为圆内接梯形$BCEA$为等腰梯形、并且关于BC的中垂线对称，所以以上等式右侧事实上等于$\frac{1}{2}$. 由此结论得证.

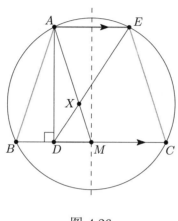

图 4.26

20. [普特南数学竞赛1996] 圆ω_1，ω_2的圆心分别为相距10个长度单位的点O_1，O_2，半径分别为1个和3个长度单位. 求线段XY的中点M的轨迹，其中$X \in \omega_1$，$Y \in \omega_2$.

解 如图4.27，首先，固定圆ω_2上的点Y. 对于$X \in \omega_1$，线段XY的中点的轨迹组成一个圆，这个圆是ω_1在位似变换$\mathcal{H}(Y, \frac{1}{2})$下成的像. 因此，它的半径是$\frac{1}{2}$，圆心为线段$YO_1$的中点.

现在，当Y运动时，YO_1的中点也沿着圆ω_2'运动，ω_2'为ω_2在位似变换$\mathcal{H}'(O_1, \frac{1}{2})$下成的像. 因此，$\omega_2'$的半径为$\frac{3}{2}$，圆心为$O_1O_2$的中点.

二者结合在一起可以看到，所有可能的XY中点的轨迹是以线段O_1O_2中点M为圆心，内径为$\frac{3}{2} - \frac{1}{2} = 1$，外径为$\frac{3}{2} + \frac{1}{2} = 2$的圆环.

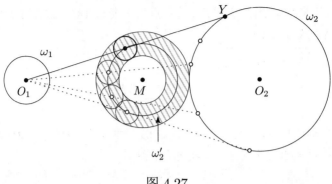

图 4.27

21. [USAMTS 2005] 已知圆ω，点A，B，C在ω上，并且满足$\triangle ABC$为锐角三角形. 点X，Y，Z也在圆ω上，并且满足$AX \perp BC$ 于点D，$BY \perp AC$于点E，$CZ \perp AB$于点F. 求证

$$\frac{AX}{AD} + \frac{BY}{BE} + \frac{CZ}{CF}$$

的值与A，B，C的选择无关.

证明 如图4.28，在$\triangle ABC$中，直线AX，BY，CZ均为高，因此相交于三角形的垂心H.

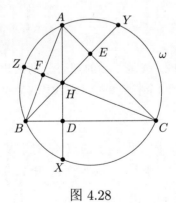

图 4.28

此外，由命题1.36可知，点X，Y，Z分别是H关于BC，CA，AB的镜射，因此所求表达式中的比例项可用面积的比例进行以下重写

$$\frac{AX}{AD} = 1 + \frac{DX}{AD} = 1 + \frac{DH}{DA} = 1 + \frac{[BHC]}{[ABC]}$$

最后，因为$\triangle ABC$为锐角三角形，垂心H在三角形内部，所以用面积

重写表达式后可以得到

$$\frac{AX}{AD} + \frac{BY}{BE} + \frac{CZ}{CF} = 3 + \frac{[BHC] + [CHA] + [AHB]}{[ABC]} = 4$$

于是，结论得证.

22. 在△ABC中，∠A = 90°，L为边BC上一点. △ABL，△ACL的外接圆分别与AC，AB二次相交于点M，N. 求证：BM ⊥ CN.

证法1 如图4.29，虽然直线BM与CN相同之处不多，但由于两个圆内接四边形的关系，我们可以很方便地利用它们分别与BC形成的夹角来完成题目. 这里有很多结构可以应用，但无论哪种方式，都可以由追角法得到

$$\angle MBC + \angle BCN = \angle CAL + \angle BAL = 90°$$

因此，BM ⊥ CN.

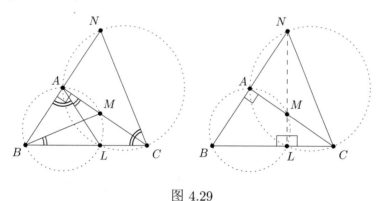

图 4.29

证法2 如果已知一个直角和一些圆，那么总会找得到更多隐藏的直角.

在本题中，∠BLM = ∠BAM = 90°，并且∠CLN = ∠CAN = 90°. 因此点L，M，N共线，并且NL ⊥ BC.

那么现在点M在△NBC中是什么位置呢？它是两个高（CA和NL）的交点，因此它就是垂心，因此可得BM ⊥ CN.

23. △ABC为一个锐角三角形. 点X的垂足三角形是由X在三角形三边上的投影构成的三角形.若I，O，H 分别为△ABC的内心、外心、垂心，则：

(a) 求证:I是其垂足三角形的外心;

(b) 求证:O是其垂足三角形的垂心;

(c) 求证:H是其垂足三角形的内心.

证明 如图4.30.

(a) I在三角形各边上的投影就是内切圆与各边的切点. 因为I是内切圆的圆心,于是结论得证.

(b) O在边BC,CA,AB上的投影A_1,B_1,C_1就是各边的中点. 因为中位线与底边平行,因此BC的中垂线与$\triangle A_1B_1C_1$中以A_1为顶点的高重合. 对每条边都应用这一方法即可完成证明.

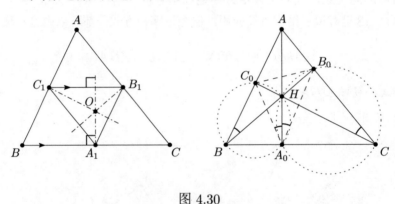

图 4.30

(c) H在三角形各边上的投影就是高线的垂足A_0,B_0,C_0.

我们将证明在$\triangle A_0B_0C_0$中,A_0A是内角平分线. 回忆命题1.35的(a)和(b)可知,四边形BA_0HC_0,CA_0HB_0,BCB_0C_0都是圆内接四边形. 于是

$$\angle AA_0C_0 = \angle HBC_0 = \angle B_0CH = \angle B_0A_0A$$

类似地,BB_0和CC_0都是$\triangle A_0B_0C_0$中的内角平分线,因此H事实上就是$\triangle A_0B_0C_0$的内心.

24. 已知$\triangle ABC$为直角三角形,在其斜边AB上向外延伸出正方形$ABDE$.求证:$\angle C$的角平分线将正方形$ABDE$分为面积相等的两部分.

证法1 如图4.31,首先,什么样的直线能够将已知正方形分为面积相等的两部分呢? 因为正方形是一个中心对称图形,所以满足条件的直线都

要经过正方形的中心. 因此, 我们将不去考虑点D和E, 取而代之, 设正方形$ABDE$的中心为O, 即O为从AB外延出来的等腰Rt$\triangle ABO$的第三个顶点. 下面只需证明CO平分了$\angle ACB$.

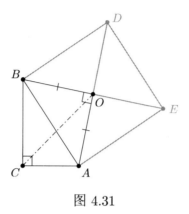

图 4.31

而这是很容易证明的. 因为$\angle AOB = \angle ACB = 90°$并且$OA = OB$, 于是$O$为$\triangle ABC$外接圆上不含点$C$的$\overset{\frown}{AB}$的中点. 由命题1.38(b)可知, 点$O$在$\angle C$的角平分线上.

证法2　通过添加与$\triangle ABC$全等的直角三角形$\triangle BXD$, $\triangle DYE$, $\triangle EZA$来构造正方形$ABDE$的外接正方形$CXYZ$. 于是, 很明显CY就是$\angle C$的角平分线, 它经过正方形$ABDE$与$CXYZ$的共同中心O, 因此它将$ABDE$分为面积相等的两部分 (图4.32).

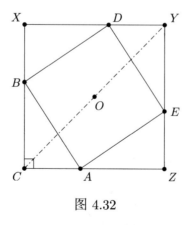

图 4.32

25. [环球城市数学竞赛2010]　在菱形$ABCD$中, 点P在边BC上, 点Q在边CD上, 并且满足$BP = CQ$. 求证: $\triangle APQ$的重心在线段BD上.

证明 如图4.33,由于通常情况下重心比较难以应对,所以首先我们尝试对题目进行重新描述. 回忆这样一个事实:重心在中线的"三分之一处",于是本题求证的结论等价于PQ的中点位于BD在位似变换 $\mathcal{H}(A, \frac{3}{2})$下所得的像上,这个像也就是等腰三角形△$DBC$中的中位线$EF$ (其中,$E \in BC$,$F \in CD$). 如果注意到已知条件的$BP = CQ$相当于$EP = FQ$,那么很轻易地就可以省略掉原图一大半的部分内容.

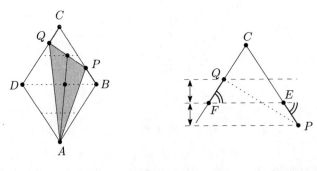

图 4.33

要证明EF平分PQ不是难事. 因为$EP = FQ$,并且直线CE、CF与EF所成的角相等,则点P、点Q到直线EF的距离相等. 因为这两点位于相对立的两个半平面内,因此PQ的中点在EF上.

26. [罗马尼亚2006] 在△ABC中,点M,N分别在边AB,AC上,并且满足

$$\frac{BM}{AB} = 2 \cdot \frac{CN}{AC}$$

一条直线与MN垂直,垂足为N,并且与边BC相交于点P. 求证:$\angle MPN = \angle NPC$.

证明 如图4.34,将BC置于水平方向,于是由已知条件可知,以BC为基准,点M的竖直高度是N竖直高度的两倍. 换句话说,如果ℓ为经过点M并平行于BC的直线,则点N在BC与ℓ之间,并且到他们的距离相等. 用L表示MN与BC的交点,可得N是ML的中点.

因此,在△MPL中,以P为定点的中线和以P为顶点的高都与PN重合,于是△MPL为等腰三角形(如有疑问,可参考入门题12). 所以PN同时也是三角形的角平分线.

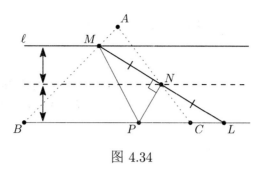

图 4.34

27. 在△ABC中，∠A的外角平分线与BC相交于点D. 求证：

(a) $\dfrac{DB}{DC} = \dfrac{AB}{AC}$.

(b) 如果点$E \in AC$，$F \in AB$分别为所在直线与对角的外角平分线的交点，则D，E，F共线.

证明 如图4.35.

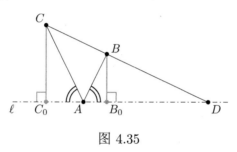

图 4.35

(a) 设外角平分线为ℓ，并将其沿水平方向放置. 由此可以看出，$\dfrac{DB}{DC}$与$\dfrac{AB}{AC}$都表示点B与点C到直线ℓ的距离之比.

设点B和C在ℓ上的投影分别为B_0和C_0，则由角角判定可得$\triangle DBB_0 \backsim \triangle DCC_0$，并且$\triangle ABB_0 \backsim \triangle ACC_0$，因此

$$\frac{DB}{DC} = \frac{BB_0}{CC_0} = \frac{AB}{AC}$$

(b) 由梅涅劳斯定理可知，当且仅当

$$\frac{BD}{DC} \cdot \frac{CE}{EA} \cdot \frac{AF}{FB} = 1$$

时，点D，E，F共线. 通过(a)，我们可以替换等式左边的每一个比例，于是等式左边可等价地重写为

$$\frac{BA}{AC} \cdot \frac{CB}{BA} \cdot \frac{AC}{CB} = 1$$

等式成立. 题目得证.

28. $\triangle ABC$为锐角三角形. 分别取点K，L，M，N使得$ABMN$ 与$LBCK$分别为由三角形的边向外延伸的两个全等的矩形. 求证：直线AL，NK，MC相交于一点.

证法1 如图4.36，设AL与CM的交点为X.

因为两个矩形全等，我们有 $MB = BC$，$AB = BL$，因此$\triangle MBC$ 和 $\triangle ABL$ 都是等腰三角形. 由于$\angle MBC = 90° + \angle B = \angle ABL$，于是进一步可以得到$\triangle MBC \backsim \triangle ABL$，并且$\angle XMB = \angle XAB$. 因此点$X$ 在矩形$ABMN$的外接圆上.同理，它也在矩形$LBCK$的外接圆上.

因为BN和BK分别为直径，所以$\angle BXN = 90°$，并且$\angle KXB = 90°$，于是点N，X，K共线.

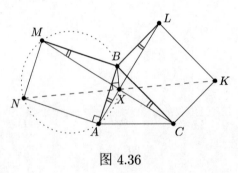

图 4.36

证法2 考虑以B为中心由$BMNA$到$BCKL$的旋转变换. 因为旋转变换是一种特殊的旋转相似变换，由命题1.48可得，三条对应点连线全部经过$ABMN$外接圆与$LBCK$外接圆的第二个交点(如图4.37).

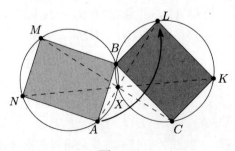

图 4.37

29. [美国数学奥林匹克1993] 在凸四边形$ABCD$中，对角线互相垂直于点O.求证：点O关于直线AB，BC，CD，DA分别镜射所得的四个像，四点共圆.

证法1 如图4.38，我们先不考虑点O关于$ABCD$四个边所得的镜射，转而处理它分别在AB，BC，CD，DA上的投影A'，B'，C'，D'. 一旦我们证明了点A'，B'，C'，D'共圆，则由位似变换$\mathcal{H}(O,2)$可以证明题目结论.

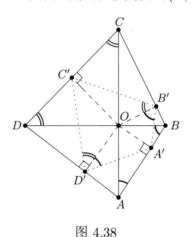

图 4.38

观察可得，四边形$A'BB'O$，$B'CC'O$，$C'DD'O$，$D'AA'O$都是圆内接四边形，并且BO，CO，DO，AO分别为外接圆的直径. 通过这一点我们将证明$\angle A'D'C' + \angle C'B'A' = 180°$. 事实上，我们有

$$\angle A'D'C' = \angle A'D'O + \angle OD'C' = \angle BAO + \angle ODC$$

并且类似地

$$\angle C'B'A' = \angle C'B'O + \angle OB'A' = \angle DCO + \angle OBA$$

观察直角三角形$\triangle DOC$和$\triangle AOB$，可以看出，这两个角之和为180°.于是，题目得证.

证法2 正如证法1所示，只需证明点A'，B'，C'，D'共圆（图4.39）.

作图时将DB沿水平方向放置、AC沿竖直方向放置.我们将关于点O进行反演变换.

变换后直线BD和AC将分别保持水平和竖直方向. $OA'BB'$的外接圆直径为OB，$OC'DD'$的外接圆直径为OD，反演变换后这两个圆的像为竖直的直线. 类似地，$OD'AA'$，$OB'CC'$的外接圆反演变换后称为水平的直线.

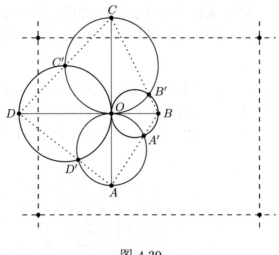

图 4.39

因此，$A'B'C'D'$ 的像为一个矩形.因为点 A'，B'，C'，D' 的像共圆并且此圆不经过点 O，所以点 A'，B'，C'，D' 共圆.

30. 在圆内接四边形 $ABCD$ 中，I_1，I_2 分别为 $\triangle ABC$，$\triangle ABD$ 的内心.

   (a) 求证：ABI_1I_2 为圆内接四边形.

   (b) 分别取 $\triangle CDA$，$\triangle BCD$ 的内心 I_3，I_4，求证：$I_1I_2I_3I_4$ 为矩形.

证明 如图4.40.

   (a) 本题只需证明 $\angle AI_1B = \angle AI_2B$.回想命题1.38(a)，我们得到

   $$\angle AI_1B = 90° + \frac{1}{2}\angle ACB, \quad \angle AI_2B = 90° + \frac{1}{2}\angle ADB$$

   由于 $ABCD$ 为圆内接四边形，从而有 $\angle ACB = \angle ADB$.由此可证明结论.

   (b) (对于圆内接四边形的日本定理) 首先，我们来证明 $I_1I_2 \perp I_2I_3$. 由(a)可知，ABI_1I_2，ADI_3I_2 均为圆内接四边形.将射线 AI_2 延长至超过点 I_2，可以看到

   $$\angle I_1I_2I_3 = \frac{1}{2}\angle ABC + \frac{1}{2}\angle CDA = 90°$$

   类似地，我们可以证明 $I_2I_3 \perp I_3I_4$，并且 $I_3I_4 \perp I_4I_1$.由此可完成证明.

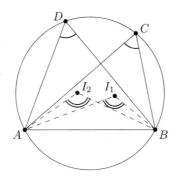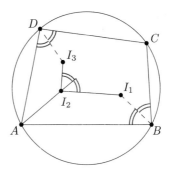

图 4.40

31. 在△ABC中，M为边BC的中点. 点K在线段AM上，并且满足$CK = AB$. L为CK与AB的交点. 求证：△AKL为等腰三角形.

证法1　如图4.41，为了把长度相等的线段AB和CK联系起来并利用BC的中点M，取点K'以便构成平行四边形$BKCK'$.

于是，点K'在以A为顶点的中线上（越过点M），并且$K'B = CK = AB$. 因此△ABK'是以∠B为顶角的等腰三角形，而且由于$K'B$与CK平行，于是△AKL 为以∠L为顶角的等腰三角形.

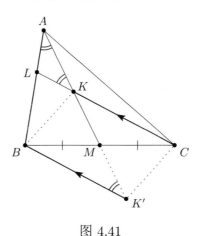

图 4.41

证法2　这次我们将在梅涅劳斯定理中利用已知的线段相等关系$CK = AB$和$BM = MC$. 如图4.42(1)，在△LBC中，由于点A，K，M共线，于是由梅涅劳斯定理可得

$$1 = \frac{LA}{AB} \cdot \frac{BM}{MC} \cdot \frac{CK}{KL} = \frac{LA}{KL}$$

因此，△AKL为以∠L为顶角的等腰三角形.

证法3 如图4.42(2)，将AM水平放置. 因为M为BC的中点，点C与点B到AM的竖直距离相等.又由于线段AB与CK长度相等，因此它们与AM所成的角相等. 由此可得$\triangle ALK$为等腰三角形.

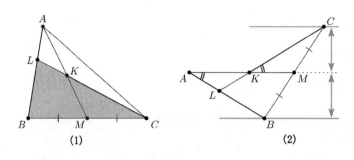

图 4.42

32. 在$\triangle ABC$的外接圆上，点A_1，B_1，C_1分别为$\overset{\frown}{BC}$，$\overset{\frown}{CA}$，$\overset{\frown}{AB}$（分别不含点A，B，C）的中点. 点A_2，B_2，C_2分别为$\triangle ABC$ 的内切圆与BC，CA，AB的切点. 求证：直线A_1A_2，B_1B_2，C_1C_2 共点.

证明 如图4.43，将BC水平放置，并且点A在它"上方". 观察可得，A_1和A_2 在各自的圆上分别都是"底部点".

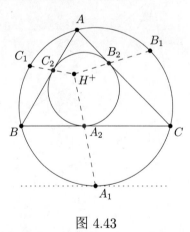

图 4.43

因此很自然地要考虑将$\triangle ABC$的外接圆映射为它的内切圆的正位似变换.

因为在位似变换中点A_1与A_2相对应，直线A_1A_2经过位似变换的中心H^+.同理，B_1B_2和C_1C_2 也都经过H^+，由此可证明三线共点.

33. 在△ABC中，点I为内心，点E为A–旁心. 进一步地，设外接圆上不含点A的$\overset{\frown}{BC}$的中点为M，并且$D = AI \cap BC$. 求证以下等式：

(a) $AD \cdot AM = AB \cdot AC$；

(b) $AI \cdot AE = AB \cdot AC$；

(c) $MA \cdot ID = MI \cdot AI$.

证法1　如图4.44.

(a) 观察可知∠AMB = ∠ACB，因此由角角判定可得△$ABM \backsim$ △ADC. 从这个相似关系里我们得到

$$\frac{AB}{AM} = \frac{AD}{AC}$$

由此可证明结论.

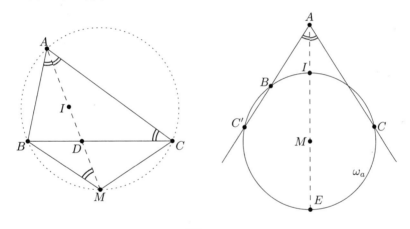

图 4.44

(b) 将AI竖直放置. 回忆大图形（命题1.42(b)）可得，点B，I，C，E在一个以M为圆心的圆上，设这个圆为ω_a. 为了应用点到圆的幂，我们进一步用C'表示AB与圆ω_a的另一个交点，由此可得

$$AI \cdot AE = AB \cdot AC'$$

而通过关于直线AI的对称性可知，$AC' = AC$，由此结论得证.

(c) 已知$ID = MI - MD$，因此由引理（命题1.40(b)），我们得到

$$MA \cdot ID = MA \cdot MI - MA \cdot MD = MA \cdot MI - MI^2$$
$$= MI \cdot (MA - MI) = MI \cdot AI.$$

证法2 (a)和(b)可通过$\sqrt{bc}$-反演完成.

点M为D在$\sqrt{bc}$-反演下所成的像,因此(a)得证.

对于(b),我们观察到(这是斜三角形中一种有趣的情况)四边形$BICE$的外接圆的像是一个圆心在AI上、并且经过点B和点C的圆.因此,它本身就是自己的像,并且点I映射到点E.

34. 在$\triangle ABC$中,点M,N分别为边AB,AC上的动点,并且满足$\dfrac{BM}{MA} = \dfrac{AN}{NC}$.求证:$\triangle AMN$的外接圆会通过除点$A$外的另一个定点.

证明 如图4.45,设S为将线段BA依对应的顶点顺序映射为AC的旋转相似变化的中心,也就是$\mathcal{S}(S, \dfrac{AC}{AB}, \angle(BA, AC))$.

由于点M,N按相同的比例分割对应线段BA,AC,类似地,$\mathcal{S}$也将M映射到N,于是$\angle(MS, SN) = \angle(BA, AC)$.因此四边形$AMSN$为圆内接四边形,结论得证.

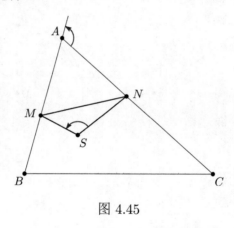

图 4.45

35. [罗马尼亚2001] 已知 $\triangle ABC$ 及其内部一点 D. 点 E, F 满足 $\triangle AFB \backsim \triangle CEA \backsim \triangle CDB$,并且点$B$与$E$在直线$AC$的两侧,点$C$ 与F 在直线AB的两侧. 求证:$AEDF$为平行四边形.

证明 如图4.46,用φ表示$\angle(CE, CA)$,用k表示$\dfrac{CA}{CE}$. 则旋转相似变换$\mathcal{S}(C, k, \varphi)$将点$E$映射到$A$,将点$D$映射到$B$. 因此,它也将$ED$映射到$AB$,并且$\angle(ED, AB) = \varphi$. 此外,因为$\angle(AF, AB) = \varphi$,于是我们得到$ED /\!/ AF$.

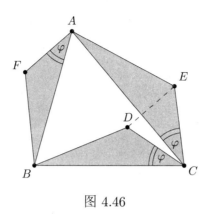

图 4.46

同理可得，$FD/\!/AE$，因此 $AEDF$ 为平行四边形.

36. [拿破仑定理]　已知 $\triangle ABC$，由它的三个边分别向外构造正 $\triangle BCD$，$\triangle CAE$ 和 $\triangle ABF$.求证：这三个正三角形的重心 A_1，B_1，C_1 也组成一个正三角形.

证法1　如图4.47，旋转相似变换 $\mathcal{S}(C, \sqrt{3}, +30°)$ 将点 B_1 映射到 A，将点 A_1 映射到 D. 因此，它将线段 B_1A_1 映射到 AD，并且 $AD = \sqrt{3}B_1A_1$.

类似地，通过应用旋转相似变换 $\mathcal{S}'(B, \sqrt{3}, -30°)$，可以证明 $AD = \sqrt{3}C_1A_1$. 于是我们得到 $B_1A_1 = C_1A_1$.

同理可得 $B_1A_1 = B_1C_1$，由此命题得证.

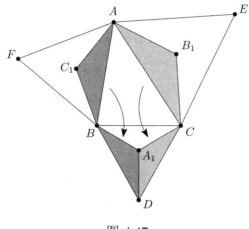

图 4.47

证法2 我们按以下的顶点对应顺序来定义正三角形的相似性:$\triangle ABF \backsim \triangle ECA \backsim \triangle CDB$. 通过平均原理可得,三组对应顶点的重心组成一个正三角形,而这三组相似三角形恰恰是正三角形$\triangle AEC$,$\triangle BCD$和$\triangle FAB$,于是结论得证!

37. 设X为$\triangle ABC$平面内一点,满足

$$\frac{1}{XA} : \frac{1}{XB} : \frac{1}{XC} = a : b : c$$

求证:点A,B,C在关于X的反演变化后所成的像组成一个正三角形.

证明 如图4.48,设反演半径为r,点A',B',C'分别为A,B,C反演所得的像.

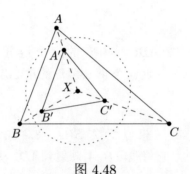

图 4.48

通过命题1.51(b),可以得到以下关系式

$$A'B' = AB \cdot \frac{r^2}{XA \cdot XB}, \quad A'C' = AC \cdot \frac{r^2}{XA \cdot XC}$$

经比较可知,我们只需证明

$$\frac{AB}{XB} = \frac{AC}{XC}$$

而只需对已知条件

$$\frac{1}{XB} : \frac{1}{XC} = b : c$$

进行变形即可得到所求等式.

类似地,也可得到$A'C' = B'C'$.由此命题得证.

注释:事实上,对于每一个斜三角形$\triangle ABC$都存在两个这样的点X.在高难度题目12 的注释中将对这些点的存在性进行进一步介绍.

38. 在梯形$ABCD$中，$BC//AD$，并且$\angle CBA = 90°$. 设M 为AB 上一点，满足$\angle CMD = 90°$. AK为$\triangle DAM$的一条高线，BL 为$\triangle MBC$的一条高线. 求证：直线AK，BL，CD相交于一点.

证明　如图4.49，设$X_1 = AK \cap CD$，$X_2 = BL \cap CD$. 观察可得BL，MD都垂直于MC，因此$BL//MD$. 所以由角角判定，$\triangle CLX_2 \backsim \triangle CMD$，于是

$$\frac{CX_2}{CD} = \frac{CL}{CM}$$

即

$$\frac{CX_2}{X_2D} = \frac{CL}{LM}$$

类似地，我们得到

$$\frac{DX_1}{X_1C} = \frac{DK}{KM}$$

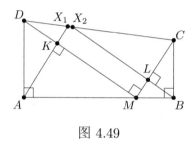

图 4.49

此外，由于$\angle BMC = 180° - 90° - \angle DMA = \angle ADM$，则$\triangle BMC$与$\triangle ADM$相似进而成比例. 因此

$$\frac{DK}{KM} = \frac{LM}{CL}$$

由此可得

$$\frac{DX_1}{X_1C} = \frac{DX_2}{X_2C}$$

于是，由于点X_1，X_2以相同的比例分割线段CD，所以这两个点重合，命题得证.

39. 已知以V为顶点的角和角内一点A，点X，Y分别在角的两条边线上，满足$VX = VY$，并且$AX + AY$的值最小. 求证：$\angle XAV = \angle YAV$.

证明　如图4.50，本题的关键是哪一对X与Y可以使$AX + AY$的值最小. 如果切掉$\triangle VXA$并把它贴到$\triangle VAY$的另一边，成为$\triangle VYA'$，我们就可以找到答案.

现在$AX + AY$转化成为$AY + YA'$.因为A与A'都是固定的点，所以当Y在AA'上时，$AX + AY$取到最小值.

而此时，由$VA = VA'$可得，$\angle VAY = \angle VA'Y$，也就是所求证的$\angle XAV = \angle YAV$.

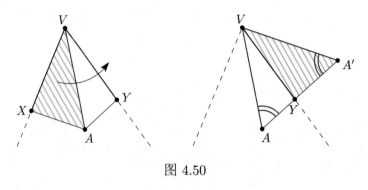

图 4.50

40. [环球城市数学竞赛2003]　在$\triangle ABC$中，$AB = AC$. K，L分别为AB，AC上的点，且满足$KL = BK + CL$. M为KL的中点，经过点M并平行于AC的直线与BC相交于点N. 求$\angle KNL$.

解　如图4.51，我们将直线BC水平放置并观察点K，L，M所在水平线的位置. 因为M 为中点，所以它的水平位置为K与L的平均值. 此外，由于线段BK，NM，CL 与BC所成的角相等，它们的长度与水平位置成比例. 因此，$MN = \dfrac{1}{2}(BK + CL)$.

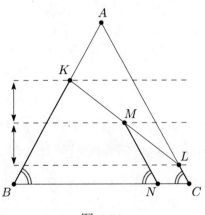

图 4.51

于是由已知条件可推出 $MN = \frac{1}{2}KL = MK = ML$，因此点$M$是$\triangle KNL$的外心，同时由$M$在$KL$上可得，$\angle KNL$是直角.

41. [改编自美国数学邀请赛2009] 在$\triangle ABC$中，点D为内切圆 ω 与BC的切点. 设DX为圆ω的一条直径. 求证：如果$\angle BXC = 90°$，则$5a = 3(b+c)$.

证明 如图4.52，在$\triangle BXC$中，XD为高. 于是我们可以识别出与初级题目2相同的结构，从而得到

$$BD \cdot DC = DX^2$$

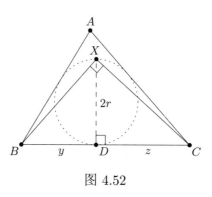

图 4.52

如果回想在命题1.8中，内径r的xyz公式，等式右边部分转化为

$$yz = 4r^2 = \frac{4xyz}{x+y+z}$$

简化后我们得到$y + z = 3x$. 所求条件$5a = 3(b+c)$，也可重写为$y + z = 3x$. 命题得证.

42. [APMO 1994] 已知$\triangle ABC$的外心为O，垂心为H，外径为R. 求证：$OH < 3R$.

证明 如图4.53，如果$\triangle ABC$为正三角形，则$O = H$，命题成立. 对于其他情况，技巧在于观察$\triangle ABC$的欧拉线（见例题1.3）.

由于重心G的位置在从O到H的三分之一处，因此需证明$OG < R$. 但是因为重心总是在三角形内部因此也在外接圆内，所以这个结论是显而易见的.

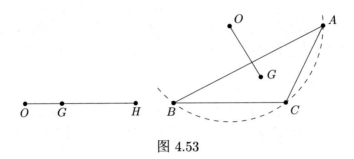

图 4.53

43. 圆ω_a，ω_b分别与圆ω内切于不同的点A，B. 此外，它们也相切于点T，用P表示AT与圆ω的另一个交点. 求证：BP垂直于BT.

证明　如图4.54，经过点T我们作圆ω_a与ω_b的公切线，将其置于水平位置，并使ω_a在切线"上方".

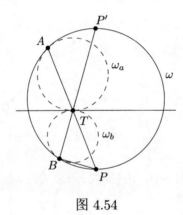

图 4.54

现在考虑以A为中心，将ω_a映射到ω的位似变换. 于是点T被映射到P，而且因为T是ω_a上的"底部点"，P也是ω的"底部点".

接下来，我们设BT与ω二次相交于点P'. 我们可以用类似的方法证明P'是ω的"顶部点". 于是点P与P'的连线为直径，因此，$\angle PBT = 90°$.

44. 在锐角$\triangle ABC$中，H为垂心. 设A'，B'，C'分别为A，B，C关于H的反演点. 求证：H为$\triangle A'B'C'$的内心. 如果$\triangle ABC$为钝角三角形，结论又会如何？

证明　如图4.55，把点A，B和C分别当成$\triangle BCH$，$\triangle CAH$，$\triangle ABH$的外接圆两两相交的交点. 回顾命题1.53可知，这些外接圆的半径相等.

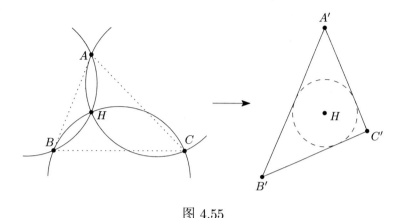

图 4.55

因此在反演后，这些圆成为到点H距离相等的直线$A'B'$，$B'C'$，$C'A'$（见命题1.53）.

因为$\triangle ABC$为锐角三角形，H在$\triangle A'B'C'$内部，并且与它的内心重合. 在$\triangle ABC$为钝角三角形的情况中，H将是$\triangle A'B'C'$的一个旁心.

45. 圆ω_a，ω_b分别与圆ω内切于不同的点A，B，并且两圆相切于点T.经过点T作两圆公切线，并设其与圆ω的一个交点为P. 设直线PA，PB分别与圆ω_a，ω_b二次相交于点X，Y. 求证：XY是圆ω_a与ω_b的一条公切线.

证法1 如图4.56，为了便于展示使用位似变换证明命题的方法，我们可以假设点P为圆ω的"顶部点".

观察可知，由于点P在圆ω_a和ω_b的根轴上，由根引理（见命题1.23）可得$ABYX$为圆内接四边形. 现在我们关注$\angle APB$中的逆平行线，并过点P作圆ω的切线ℓ. 因为直线ℓ与XY都与AB逆平行并且ℓ处于水平位置，所以XY也为水平线.

现在，以A为中心、将圆ω映射到ω_a的位似变换也将点P映射到X，因此X为圆ω_a的"顶部点". 于是XY为经过"顶部点"的水平线，也就是与圆ω_a相切于点X的切线.

基于相同的原因，XY也与圆ω_b相切于点Y.

证法2 在证法1中我们得到$ABYX$为圆内接四边形后，为了利用相切关系，我们过点A作圆ω与ω_a的公切线t. 为了便于标记，设$Z = t \cap XY$. 于是

$$\angle PBA = \angle PAZ, \quad \angle PBA = \angle ZXA$$

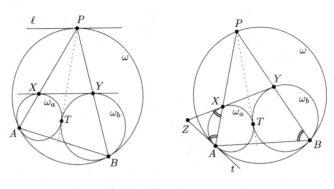

图 4.56

等式$\angle PAZ = \angle ZXA$表明ZX与圆ω_a相切，相似的也可证明XY与ω_b相切.

46. [亚太地区数学奥林匹克1998] 在$\triangle ABC$中，点D是以A为顶点的高线的垂足. 设E和F在经过点D的直线上，满足AE垂直于BE，AF垂直于CF，并且E与F都不与D重合. 设M，N分别为线段BC，EF的中点. 求证：AN垂直于NM.

证明 如图4.57，首先，我们看出这是一道关于两个圆的题目，这两个圆分别以AB为直径（设为ω_1），以AC为直径（设为ω_2），并且相交于点A和点D. 在这个结构中，我们将使用旋转相似变换.由命题1.48可知，E，D，F共线，以及B，D，C共线，这意味着以A为中心、将ω_1映射到ω_2的旋转相似变换也将$\triangle AEB$映射到$\triangle AFC$.

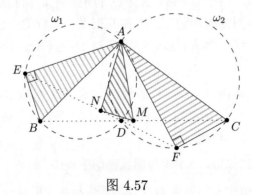

图 4.57

由于这两个相似三角形的平均值是$\triangle ANM$，由平均原理可知，它们的形状相同，因此$AN \perp MN$.

47. 已知平面中的四个互异点P，Q，R和S，满足四边形$PQRS$为非平行四边形. 求矩形的中心O的轨迹，其中矩形的边AB，BC，CD和DA分别经过点P，Q，R和S.

证明 如图4.58，分别用M，N表示PR，QS的中点，因为$PQRS$不是平行四边形，所以$M \neq N$.

首先假设我们找到了满足条件的矩形$ABCD$. 我们注意到，O和M都是平行边AB与CD之间的等距点，O和N都是平行边BC与AD之间的等距点. 因此要么$\angle MON = 90°$，要么O与M或N重合.

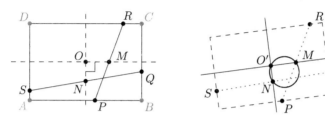

图 4.58

另一方面，在以MN为直径的圆（设为圆ω）上任取一点O'，则存在一个矩形$ABCD$，满足它的边线分别经过点P，Q，R，S，并且其中心为O'. 事实上，分别经过点P，R并平行于$O'M$的直线与分别经过点Q，S并平行于$O'N$的直线形成了一个矩形，并且它的中线就是OM和ON（此处应为$O'M$和$O'N$）（假如$O' = N$，我们则考虑经过点N的ω的切线而不是$O'N$）.

综上，所求轨迹就是以MN为直径的圆.

48. 设ω为一个圆，BC为圆上一条固定的弦，A为优弧BC上的一个动点. M为线段AB上一点，满足$AM = 2MB$，K为M在AC上的投影. 求证：点K的轨迹是一段圆弧.

证明 如图4.59，因为点A在圆ω的优弧BC上运动的过程中，$\angle MAK = \angle BAC$为固定值，所有直角三角形$\triangle AKM$的形状都相同. 此外，因为$\dfrac{AM}{MB} = 2$为定值，所有$\triangle AKB$的形状也都相同. 因此，$\dfrac{BK}{BA}$与$\angle ABK$都是定值，也就是说点K的轨迹就是点A轨迹在旋转相似变换$\mathcal{S}(B, \dfrac{BK}{BA}, \angle(BA, BK))$下所成的像，一段圆弧.

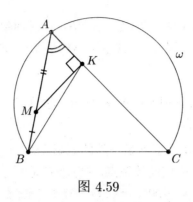

图 4.59

49. 在△ABC中，中线的等角线被称为类似中线. 设ω为△ABC的外接圆.

(a) 如果∠A ≠ 90°，经过点B，C分别作圆ω的切线，并设这两条切线的交点为T. 求证：在△ABC中，直线AT为A-类似中线.

(b) 设△ABC中，A-类似中线与圆ω二次相交于点S. 求证：

$$BS \cdot AC = CS \cdot AB$$

(a)**证法**1   如图4.60，假设△ABC为锐角三角形.我们将证明在△ABC中AT与中线等角. 经过点T作BC关于∠BAC的逆平行线，设其与AB，AC的交点分别为X，Y. 我们的目标是证明T为XY的中点，由此证明AT为△AXY中一条中线，也就是△ABC中的类似中线.

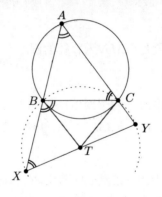

图 4.60

我们也可以决定去证明T为圆内接四边形XYCB的外接圆圆心，本题中已知TB = TC，而我们需要证明的是TX = TY，所以所求的结论事实上等价于TX = TB，我们将通过追角法证明这一点.

因为 BC 逆平行于 XY，我们有 $\angle TXB = \angle C$.通过相切可以得到

$$\angle XBT = 180^\circ - \angle A - \angle B = \angle C$$

由此 $TX = TB$，结论得证.

其他情况下，当 $\triangle ABC$ 不是锐角三角形时，证法相似.

(a)**证法2** 进行 $\sqrt{bc}$-反演变换.如图4.61，圆 ω 将被映射为直线 BC，与圆 ω 相切于点 B 和点 C 的切线将分别被映射为经过点 A 并与 BC 相切于点 C 和 B 的圆 ω_1 和 ω_2，点 T 将被映射为这两个圆的第二个交点 T'. 设 BC 的中点为 M，则类似中线 AD 被映射为中线 AM.

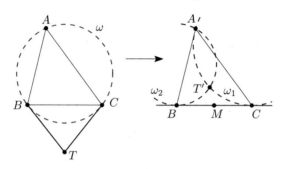

图 4.61

因此，(a)等价于证明点 A，T'，M 共线，而这是很容易证明的.因为点 M 到圆 ω_1 和 ω_2 的幂都等于 $MC^2 = MB^2$，所以 M 在圆 ω_1 与圆 ω_2 的根轴上，也就是在 AT' 上.

(b) 设 BC 的中点为 M，ω 的半径为 R（如图4.62）.

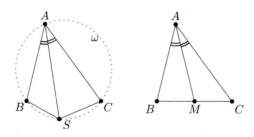

图 4.62

由扩展的正弦定理我们有

$$BS = 2R \sin \angle BAS = 2R \sin \angle CAM$$

同理可得$CS = 2R\sin\angle CAS = 2R\sin\angle BAM$. 因此只需证明

$$b\sin\angle CAM = c\sin\angle BAM$$

在$\triangle AMB$和$\triangle AMC$中，由正弦定理

$$b\sin\angle CAM = MC\sin\angle AMC = MB\sin\angle AMB = c\sin\angle BAM$$

由此结论得证.

50. A，B，C，D为平面上四个不共圆的互异点，取三个点为一组，关于第四个点进行反演变换.求证：反演所得的四个三角形两两相似.

证明 我们意识到几乎不可能作出符合已知条件的图形，因此决定利用这样的一个事实完成命题的证明：我们能够计算出反演变换后每一条线段的长度（见命题1.51(b)）.

事实上，如果分别用B'，C'，D'表示B，C，D在以A为中心、1为半径的反演变换下所成的像，由此可得

$$B'C' = \frac{BC}{AB \cdot AC}, \quad C'D' = \frac{CD}{AC \cdot AD}, \quad D'B' = \frac{BD}{AB \cdot AD}$$

将三个等式取公分母$AB \cdot AC \cdot AD$后，可以得到

$$B'C' : C'D' : D'B' = (AD \cdot BC) : (CD \cdot AB) : (BD \cdot AC)$$

通过上式可以得到$\triangle B'C'D'$的形状，并且由于等式右边关于A，B，C，D 是对称的，因此其余三个三角形也是相同的形状. 由此命题得证.

51. 圆ω内切于$\angle EAF$，其中与AE的切点为E，与AF的切点为F. 在线段AE和AF上分别选取一点B和D，分别过点B，D作圆ω的另一条切线（不与AE，AF重合），并设其交点为C. 求证：

(a) $AB + BC = CD + DA$.

(b) $\triangle ABD$，$\triangle BCD$的内切圆与BD的切点关于BD的中点对称.

证明 如图4.63.

(a) 分别用T，U表示直线BC，DC与圆ω的切点.

由于对顶点B，A和D来说，切线长相等，我们得到

$$AB + BT = AB + BE = AE = AF = AD + DF = AD + DU.$$

减去$CT = CU$后可以得到所求结论.

(b) 我们在不带有圆ω的图中寻找解法. 分别用P，Q表示$\triangle ABD$，$\triangle BCD$的内切圆与BD的切点.

由命题1.7可得

$$BP = \frac{1}{2}(BD + AB - DA), \quad DQ = \frac{1}{2}(BD + CD - BC)$$

由于(a)也可解读为$AB - DA = CD - BC$，我们得到$BP = DQ$，于是可知点P与Q关于BD中点对称.

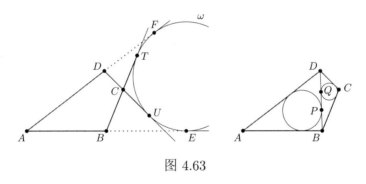

图 4.63

52. [欧拉定理] $\triangle ABC$内接于以点O为圆心、半径为R的圆ω. I为$\triangle ABC$的内心，r为其内径. 求证：$OI^2 = R^2 - 2Rr$.

证明 如图4.64，本题中我们将运用I到三角形外接圆的幂. 通过最直接的定义我们知道$p(I, \omega) = OI^2 - R^2$，因此只需证明$p(I, \omega) = -2Rr$.

设AI与ω的第二个交点为M，因此M为圆ω上，不包含点A的$\overset{\frown}{BC}$的中点. 因为I在圆ω内，所以我们的目标是证明$IA \cdot IM = 2Rr$.

通过命题1.38(b)可知，$MI = MB$，因此由扩展的正弦定理可得：在$\triangle AMB$中，$MI = MB = 2R\sin\dfrac{\angle A}{2}$.

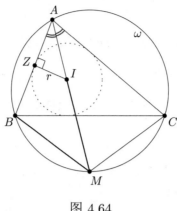

图 4.64

为了求得IA的长度，我们引入内切圆与AB的切点Z. 于是在直角三角形$\triangle AIZ$ 中

$$AI = \frac{r}{\sin \dfrac{\angle A}{2}}$$

综合以上表达式，我们得到$MI \cdot AI = 2rR$，由此结论得证.

注释 通过类似的方法可以证明$OI_a^2 = R^2 + 2Rr_a$，其中I_a为$\triangle ABC$的A-旁切圆的圆心，r_a为其半径，我们强烈建议读者去完成这个证明.

53. 定制化的反演.

(a) 设ω为一个圆，I为圆外一点. 求证：存在以I为圆心的圆i，使得圆ω关于i反演变换所成的像就是它本身.

(b) 设圆ω_1，ω_2，ω_3的圆心不共线，并且三个圆两两之间分别在彼此的外部. 求证：存在一个圆i，使得ω_1，ω_2，ω_3关于i反演变换所成的像分别是其本身.

(a)**证法**1 如图4.65，分别用ℓ_1，ℓ_2表示点I到圆ω的两条切线，切点分别为T_1，T_2. 因为ℓ_1与ℓ_2 经过任何关于I的反演变换后保持不变，所以这个反演变换将圆ω映射为一个内切于ℓ_1与ℓ_2夹角的圆. 当圆i 的半径等于$IT_1 = IT_2$时，我们可以确保在关于i的反演中，T_1，T_2 分别为各自的反演点. 而由于只有一个圆可以满足与ℓ_1相切于T_1并与ℓ_2相切于点T_2，所以在这个反演变换中圆ω的像就是它本身.

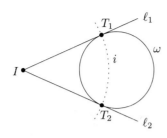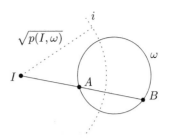

图 4.65

证法2　这里将提供另外一种证明方法，并且在下一部分的证明中仍将使用这个方法.

设ℓ为任一经过I的直线，并且ℓ与ω相交于点A，B（点A和B不一定是互异的）. 由于$IA \cdot IB = p(I,\omega)$为常数，所以只需设$i$的半径为$r_i = \sqrt{p(I,\omega)}$，由此可得

$$IA' = \frac{r^2}{IA} = \frac{IA \cdot IB}{IA} = IB$$

于是A被映射为B，反之亦然.

(b)**证明**　如图4.66，设P为圆ω_1，ω_2，ω_3的根心（见命题1.22）. 因为这三个圆在彼此的外部，点P也在三个圆的外部，并且

$$p(P,\omega_1) = p(P,\omega_2) = p(P,\omega_3) = p > 0$$

如(a)的证法2所示，我们可以得到以下结论：以P为圆心、$\sqrt{p}$为半径的圆满足题目所述条件，从而题目得证.

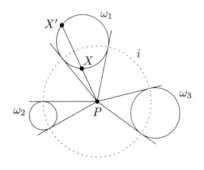

图 4.66

第5章　提高题的解答

1. 在锐角△ABC中，E，F分别为三角形的内切圆与边AB，AC的切点，L，M分别为以B，C为顶点的高的垂足. 求证：△ALM 的内心I' 与△AEF的垂心H'重合.

证明　如图5.1，我们作两个图分别证明I'与H'都在从A出发的相同射线上，并且到A的距离相等.

首先关注I'. 显然，点I'在∠A的角平分线上，回顾命题1.35(e)可知，△ABC与△ALM相似，且相似比为$|\cos\angle A|$，于是得到$AI' = AI\cdot|\cos\angle A|$，其中$I$是△$ABC$的内心.

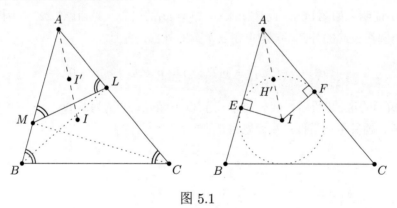

图 5.1

对于点H'，我们首先注意到△AEF为等腰三角形，因此经过A的高线也是∠A的角平分线. 由$AH' = 2R|\cos\alpha|$（见命题1.35(f)）可以得到AH'的长度，其中$2R$ 是△AEF 外接圆的直径. 另一方面，点E和F都在直径为AI的圆上，因此，△AEF 外接圆的直径长度就是AI，由此结论得证.

2. 在△ABC中，∠$BAC = 120°$，D，E，F分别表示三个角的角平分线与其对边BC，CA，AB的交点. 求∠EDF.

解　如图5.2，观察可得，在△ADC中，AF为一条外角角平分线，CF为一条内角角平分线，于是显然F是△ACD的C-旁心.

同理，E是△ABD的B-旁心. 因此，直线DF和DE分别是∠ADB和∠CDA的角平分线，于是∠DEF为平角的一半，即90°.

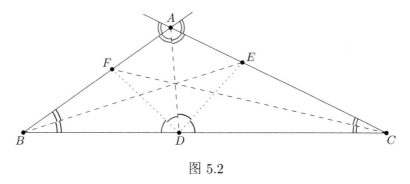

图 5.2

3. [罗马尼亚2006] 在△ABC中，AB = AC. 设BC的中点为D，AD的中点为M，D在BM上的投影为N. 求证：∠ANC = 90°.

证法1　如图5.3，取点X使得ADCX为矩形. 则由边角边判定可得，△BDM ∽ △BCX，因此这两个三角形关于点B位似，于是点B，M，X共线.

因为∠DNX = 90° = ∠DAX，所以点N在矩形DCXA的外接圆上. 由于AC为矩形的直径，于是得到∠ANC = 90°.

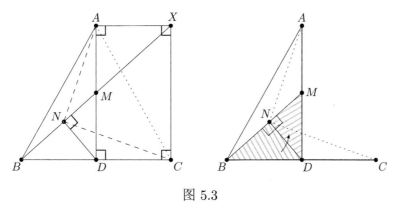

图 5.3

证法2　由角角判定可知，△BND ∽ △DNM，因此我们可以看出旋转相似变换$\mathcal{S}(N, \frac{ND}{NB}, +90°)$将线段BD映射为线段DM. 因为D和M分别为$BC$和$DA$的中点，所以旋转相似变换$\mathcal{S}$将点$C$映射到点$A$，于是可得$\angle ANC = 90°$.

4. 在锐角$\triangle ABC$中，$\angle A = 60°$，$AB > AC$，I为三角形的内心.

   (a) 若H为$\triangle ABC$的垂心，求证

$$2\angle AHI = 3\angle B$$

   (b) 若M为AI的中点，求证：M在$\triangle ABC$的九点圆上.

证明　如图5.4.

   (a) 由于没有方法直接求$\angle AHI$，所以很自然地我们期望通过借助圆来找到解决办法.

   回顾命题1.38可知，基本角$\angle BIC = 90° + \dfrac{1}{2}\angle A = 120°$，而通过命题1.35(c)可知，锐角三角形中$\angle BHC = 180° - \angle A = 120°$.

   因此$BCHI$为圆内接四边形（由$AB > AC$可知，四边形的四个顶点依此顺序排列），由此我们就可以轻易地解决这个问题了. 事实上，再次计算以H为顶点的角可得

$$\angle IHC + \angle CHA = \left(180° - \dfrac{1}{2}\angle B\right) + (180° - \angle B)$$

由此，$\angle AHI = \dfrac{3}{2}\angle B$.

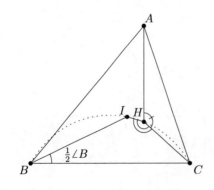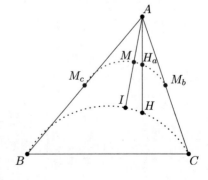

图 5.4

(b) 一旦发现$BCHI$为圆内接四边形,我们只需认识到位似变换$\mathcal{H}(A, \frac{1}{2})$将$\triangle BHC$映射到$\triangle M_c H_a M_b$,其中$M_c$,$H_a$和$M_b$分别为$AB$,$AH$,$AC$的中点.因此圆$BHC$被映射为$\triangle ABC$的九点圆,而由于$I$被映射为$M$,由此结论得证.

5. [巴西2008] 四边形$ABCD$内接于圆ω,且圆心O在四边形内部.直线r,s分别为AB关于$\angle CAD$,$\angle CBD$角平分线的镜射.若设点P为r与s的交点,求证:OP垂直于CD.

证明 如图5.5,我们注意到$\angle CAD$,$\angle CBD$的角平分线与圆相交于同一点,这一点就是不包含点A和B的$\overset{\frown}{CD}$的中点E.那么因为$OE \perp CD$,我们可以抹掉点C和D,目标是证明点O,E,P共线.

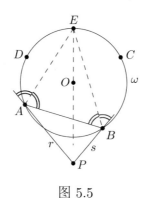

图 5.5

因为O在$ABCD$内部,$\angle AEB$为锐角,所以$\angle BAE + \angle ABE > 90°$,于是直线$AE$,$BE$都是$\triangle APB$的外角平分线(并且不是内角平分线).因此,在这个三角形中E为P-旁心.

回顾命题1.42(b),我们将ω当做$\triangle APB$的大图形的一部分,则圆心O在$\angle BPA$的角平分线上.于是E,O,P构成$\angle BPA$的角平分线,由此结论得证.

6. 在$\triangle ABC$中,$AB < AC$.设顶点B在$\angle A$角平分线上的垂足为X.

(a) 设AB,BC的中点分别为M,P.求证:X在MP上.

(b) 设△ABC的内切圆与BC，AC的切点分别为D, E. 求证：X在线段DE
上.

证明 如图5.6.

(a) 要证明X在MP上，就等于证明X到AC的距离是B到AC距离的一半
（考虑位似变换$\mathcal{H}(B, 2)$）. 用X'表示BX与AC的交点.

作图时，将AX置于竖直方向.观察可知，由于BX'为水平方向，
它与∠BAC围成了一个等腰三角形.因此，$BX = XX'$，结论得证.

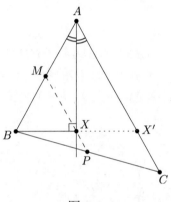

图 5.6

(b) 我们来寻找内切圆的切点与点X的联系. 设△ABC的内心为I.于
是∠IDB = ∠IXB = 90°，所以点B，D，X，I四点共圆（由
于AB < AC，所以四个顶点依此顺序排列）. 接下来可以直接用∠A，
∠B，∠C来表示∠XDB与∠EDB(图5.7).

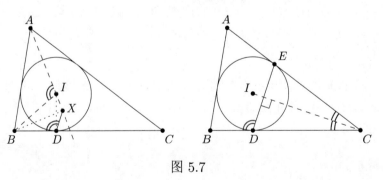

图 5.7

回顾命题1.38(a)，利用四点共圆我们得到∠XDB = ∠AIB =
$90° + \frac{1}{2}∠C$. 同时，∠EDB是"半个"等腰三角形△DCE的外角，即

为$90° + \dfrac{1}{2}\angle C$.因此，直线$DX$与$DE$重合，结论得证.

7. [巴尔干数学奥林匹克竞赛2010] 在锐角$\triangle ABC$中，I为内心. BK，CL分别
为角平分线，点K在边AC上，点L在边AB上. LC的中垂线与直线BK相
交于点M，点N在直线CL上，且满足NK平行于LM.求证：$NK = NB$.

证明 如图5.8，我们将证明点M和N是某些外接圆上弧的中点.

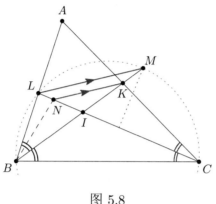

图 5.8

由于M是$\angle CBL$的角平分线与LC的中垂线的交点，它是$\triangle LBC$外接圆
上，劣弧LC的中点. 于是，$BCML$为圆内接四边形.

此外，因为直线LM与BC关于$\angle BIC$逆平行，并且与NK方向相同，
所以$BCKN$也为圆内接四边形. 最后，由于点N为$\triangle BCK$外接圆与$\angle C$的
角平分线的交点，它是劣弧BK的中点，由此可得$NK = NB$.

8. [俄罗斯数学奥林匹克竞赛2001] 圆ω_1，ω_2的半径分别为R_1，R_2，两圆内切
于点N（圆ω_1在ω_2里面）.在圆ω_1任取一点K，过K作圆ω_1的切线并与ω_2相
交于点A和点B. M为圆ω_2上不包含点N的$\overset{\frown}{AB}$的中点. 求证：$\triangle KBM$的外
接圆半径R与K的选择无关.

证明 如图5.9，首先，将AB水平放置，并且N在AB上方.观察可得K，
M分别为圆ω_1，ω_2的"底部点". 以N为中心的位似变换将圆ω_1映射到ω_2，
因此K，M，N三点共线（参考例题1.4）.

接下来，我们用φ表示$\angle MKB$，观察可得φ在全部三个圆里都有对应
的弧.在圆ω_1中，由于相切，它对应于$\overset{\frown}{NK}$. 在圆ω_2中，由推论1.14(a) 可

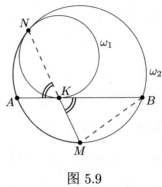

图 5.9

知，它对应于 $\overset{\frown}{BM}$ 与 $\overset{\frown}{AN}$ 之和，即等于 $\overset{\frown}{NM}$. 在 $\triangle KBM$ 的外接圆中，它对应于 $\overset{\frown}{MB}$. 通过扩展的正弦定理和打靶引理(见命题1.40(a))，可由以下表达式计算出R

$$(2R)^2 = \frac{MB^2}{\sin^2\varphi} = \frac{MK \cdot MN}{\sin^2\varphi}$$
$$= \frac{MN}{\sin\varphi} \cdot \left(\frac{MN}{\sin\varphi} - \frac{NK}{\sin\varphi}\right) = 2R_2(2R_2 - 2R_1) = 4R_2(R_2 - R_1)$$

由此可得，R的值与K的选择无关.

9. 圆 Γ_1，Γ_2 的圆心分别为 O_1，O_2，它们的外公切线分别与两个圆相切于点 A_1，A_2. 以 A_1A_2 为直径的圆与 Γ_1，Γ_2 分别二次相交于点 B_1，B_2. 求证: 直线 A_1B_2，B_1A_2，O_1O_2 相交于一点.

证明 如图5.10，将 A_1A_2 置于水平方向，并且圆 ω_1，ω_2 在其上方.我们将猜测交点的位置.

延长 A_1B_2 并与圆 Γ_2 二次相交于点 C_2. 因为 $\angle A_1B_2A_2 = 90°$，我们有 $\angle A_2B_2C_2 = 90°$.于是，在圆 Γ_2 中，A_2 与 C_2 为对径点，换句话说，C_2 为圆 Γ_2 的"顶部点".

现在很自然地可以猜到三条直线的交点就是将圆 Γ_1 映射为圆 Γ_2 的位似变换的中心 H^-. 由于在这个位似变换中，点 A_1 与 C_2 为对应点，直线 A_1B_2 经过点 H^-. 同理，直线 A_2B_1 也经过 H^-. 最后，显然 H^- 在 O_1O_2 上，由此结论得证.

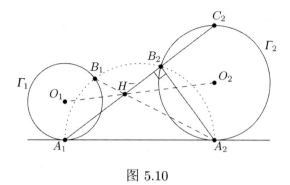

图 5.10

10. [波兰2000] 一个圆经过平行四边形$ABCD$的顶点A，并且分别与线段AB，AC，AD二次相交于点P，Q，R. 求证

$$AP \cdot AB + AR \cdot AD = AQ \cdot AC$$

证明 如图5.11，题目所求证的等式关系看起来与托勒密不等式（见定理1.46）取等号的情况有些相似. 在圆内接四边形$APQR$中应用托勒密不等式，得到

$$AP \cdot QR + AR \cdot PQ = AQ \cdot PR$$

如果$\dfrac{AB}{QR} = \dfrac{AD}{PQ} = \dfrac{AC}{PR} = k$成立，则将上式乘以$k$即可证明结论. 而由于$AB = DC$，这个比例式就等价于$\triangle ADC \backsim \triangle PQR$.

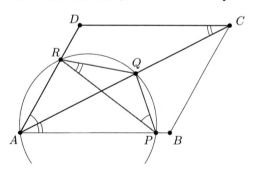

图 5.11

由于在圆内接四边形$APQR$中，$\angle QPR = \angle QAR \equiv \angle CAD$，并且$\angle PRQ = \angle PAQ = \angle ACD$，通过角角判定即可证明$\triangle ADC \backsim \triangle PQR$，进而完成题目证明.

11. 在△ABC中，内心为I，$D = AI \cap BC$，并且满足$b + c = 2a$. 求证：

(a) $GI // BC$，其中G为△ABC的重心;

(b) $\angle OIA = 90°$，其中O为△ABC的外心;

(c) 设E，F分别为AB，AC的中点，则I为△DEF的外心.

证明 如图5.12，题干中所给的信息使我们相信角平分线AD上的比例在这种三角形中有举足轻重的价值，让我们首先关注这些比例. 出于简化解题过程的目的，我们不妨假设$DI = 1$.

由命题1.38(c)可知三角形的内心分割角平分线AD的比例

$$\frac{AI}{ID} = \frac{b + c}{a} = 2$$

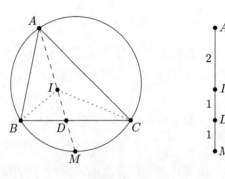

图 5.12

接下来，我们用M表示△ABC的外接圆上$\overset{\frown}{BC}$（不包含点A）的中点(如图5.13). 我们想要找到MI. 回顾打靶引理（见命题1.40(b)），可知$MI^2 = (MI - 1) \cdot (MI + 2)$，因此$MI = 2$，并且$MD = 1$.

现在我们已经得到了足够多的比例信息，可以开始处理题目了.

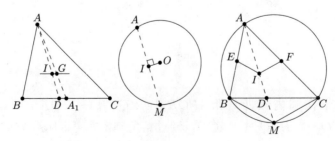

图 5.13

(a) 由于I以$2:1$的比例分割AD，并且G以$2:1$的比例分割中线AA_1（$A_1 \in BC$），位似变换$\mathcal{H}(A, \frac{3}{2})$将$IG$映射为$DA_1$，因此$BC // GI$.

(b) 由于I是弦AM的中点，我们得到$\angle OIA = 90°$.

(c) 我们将证明$IE = IF = ID = 1$. 因为IE是$\triangle ABM$的中位线，我们得到$IE = \frac{1}{2} MB = \frac{1}{2} MI = 1$（见命题1.38(b)）.同理可得$IF = 1$，由此结论得证.

12. 点B，D，C共线并依此顺序排列，$BD \neq DC$. 求满足$\angle BXD = \angle DXC$的点X的轨迹.

解 如图5.14，假设我们已经找到满足条件的点X. 两个相等的角被不相等的线段"截断"，这个已知条件还不足以说明问题，因此我们决定将其中一条线段映射到另一条上.

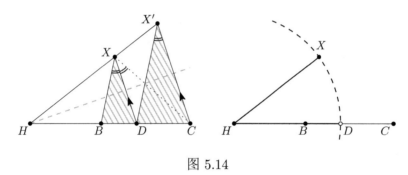

图 5.14

考虑中心H在BC上，将BD映射到DC的正位似变换$\mathcal{H}$. 如果设X'为X在$\mathcal{H}$下所成的像，则

$$\angle DX'C = \angle BXD = \angle DXC$$

于是，正如期望的$DCX'X$为圆内接四边形. 更进一步因为$DX // CX'$，所以它是一个等腰梯形. 因此由梯形的对称性可得$HD = HX$，于是点X沿着以H为圆心、HD为半径的圆运动.

反过来我们可以看到，这个圆上的每一个点X，只要$X \notin BC$，就都满足$\angle BXD = \angle DXC$.

注：事实上，我们解决了一个三角形几何的经典问题：已知$\triangle ABC$，满足

$$\frac{XB}{XC} = \frac{AB}{AC}$$

的点X的轨迹是什么？如果D是$\angle A$角平分线与边BC 的交点，则由角平分线定理，这个等式可重写为

$$\frac{XB}{XC} = \frac{DB}{DC}$$

由角平分线定理可知，当且仅当$\angle BXD = \angle DXC$(正如本题所列的条件)时，等式成立. 因此，本题的答案就是我们刚刚找到的圆，这个圆被称为$\triangle ABC$关于顶点A的阿波罗尼奥斯圆(此外，也存在$\triangle ABC$ 关于顶点B和顶点C的阿波罗尼奥斯圆). 这里我们鼓励读者去证明这三个圆有两个公共交点，并且这两个交点具有定理1.37所描述的性质.

13. 已知$\triangle ABC$，P为一个动点，沿三角形外接圆ω上不包含点C 的$\overset{\frown}{AB}$ 运动.设点X，Y分别在射线BP，CP上，并满足$BX = AB$，$CY = AC$.求证：所有满足条件的直线XY都经过一个定点，并且此定点与P的选择无关.

证法1 如图5.15，当点P沿$\overset{\frown}{AB}$运动时，点X是怎样的情形呢？因为BX的长度是固定的，所以点X将在以B为圆心、经过点A 的（固定的）圆ω_b上运动.类似地，Y的轨迹是以C为圆心并经过点A的圆ω_c上的一段弧. 因为

$$\angle ABX \equiv \angle ABP = \angle ACP \equiv \angle ACY$$

则由边角边判定可得，$\triangle ABX$与$\triangle ACY$正相似，并且以A为中心，将ω_b映射为ω_c，将B映射为C的旋转相似变换也将X映射为Y. 因此，由命题1.48可知，直线XY经过圆ω_b与ω_c的第二个交点，即点A关于BC的镜射——点A'.

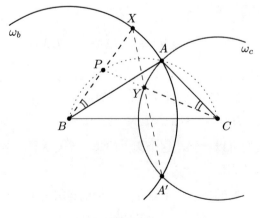

图 5.15

证法2 如证法1中所示（不用实际作出相关的圆），△ABX和△ACY都是等腰三角形并且二者相似. 于是很自然地我们要考虑以A为中心，将△ABX映射为△ACY的旋转相似变换（如图5.16）.

通过将点P固定，我们可以确定这些三角形的形状，并且观察到随着点B"滑向"点C，点X也"滑向"点Y. 换句话说，直线XY是这样的点Z的轨迹：对每一个Z，在直线BC上都有一个点D，使得△AZD与△ABX和△ACY都相似. 而显然点A关于BC的镜射——点A′就具有这样的性质！因此，所有的直线XY都经过点A′.

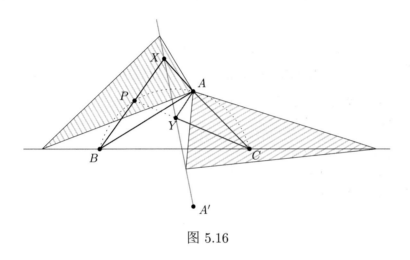

图 5.16

证法3 如果我们可以像证法1那样意识到圆ω_b、圆ω_c的存在，并成功猜测到公共点是A′，那么我们也可以通过追角法完成证明（图5.17）.

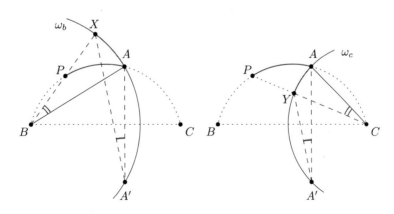

图 5.17

我们有

$$\angle XA'A = \frac{1}{2}\angle XBA \equiv \frac{1}{2}\angle PBA = \frac{1}{2}\angle PCA \equiv \frac{1}{2}\angle YCA = \angle YA'A$$

于是X，Y，A' 共线，结论得证.

14. [美国数学邀请赛2007] 在$\triangle ABC$内有四个半径相等的圆ω，ω_a，ω_b，ω_c，并且圆ω_a与边AB，AC相切，圆ω_b与边BC，BA相切，圆ω_c 与边CA，CB相切，此外圆ω与圆ω_a，ω_b，ω_c均外切. 若$\triangle ABC$的三个边长分别为13，14，15，求圆ω的半径.

解 如图5.18，为了利用圆的半径相等这个条件，我们需要引入一些新的点.分别用A'，B'，C'，O表示圆ω_a，ω_b，ω_c，ω的圆心，用x表示半径.

由于圆ω_b，ω_c的半径相等，点B'与C'到直线BC的距离相等，也就是$B'C'/\!/BC$. 其他两边情况也是如此，因此$\triangle ABC$与$\triangle A'B'C'$相似.

我们知道$\triangle ABC$的周长、面积、内径、外径等几乎任何长度都可以由已知的边长计算出来. 如果我们能够用x表示出$\triangle A'B'C'$中以上长度中的两个，就可以通过等比例关系得到答案（"相似关系里蕴含着比例关系"）.

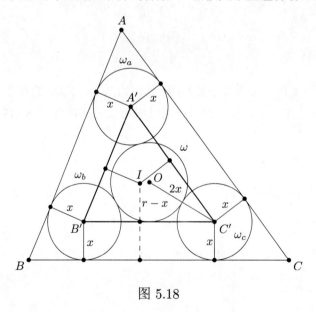

图 5.18

因为$OA' = OB' = OC' = 2x$，所以点O是$\triangle A'B'C'$的外心，而三角形的外径等于$2x$.

此外，用I表示$\triangle ABC$的内心、r表示其内径，则I到$\triangle A'B'C'$所有边的距离等于为$r-x$，因此I也是$\triangle A'B'C'$的内心，而$\triangle A'B'C'$的内径等于$r-x$.

另一方面，参照命题1.8，在$\triangle ABC$中应用xyz公式，可以计算得到$r=4$，$R=\dfrac{65}{8}$. 所以接下来只需对以下方程式进行求解

$$\frac{\frac{65}{8}}{4}=\frac{2x}{4-x}$$

计算可得$x=\dfrac{260}{129}$.

15. 断开的圆.

   (a) 在平行四边形$ABCD$中有一点P，满足$\angle BPC+\angle DPA=180°$. 求证：$\angle CBP=\angle PDC$.

   (b) 在梯形$ABCD$中，$AB /\!/ CD$并且$AB>CD$.点K，L分别在直线段AB，CD上，满足$\dfrac{AK}{KB}=\dfrac{DL}{LC}$. 假设在直线段$KL$上存在点$P$和$Q$，满足$\angle APB=\angle DCB$，$\angle CQD=\angle CBA$. 求证：点$P$，$Q$，$B$，$C$四点共圆.

证明　如图5.19.

   (a) 有了已知条件的提示，我们来尝试构造一个圆内接四边形.我们从$\triangle APD$入手，把它平移，使得点A与B重合、点D与C重合. 接下来，如果用P'表示平移后P所成的像，则四边形$PBP'C$为圆内接四边形（图5.19）.

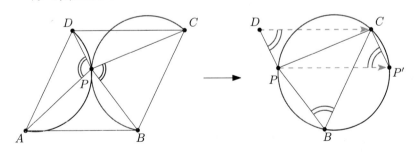

图 5.19

此外，$PP'CD$为平行四边形.综合以上两点可得$\angle CBP=\angle CP'P=\angle PDC$.

(b)（IMO 2006）因为$\angle DCB + \angle CBA = 180°$，所以$\angle APB$与$\angle CQD$的加和是$180°$．再一次，我们将重新构造圆内接四边形，而这一次位似变换将大展身手（图5.20）．

用E表示AD与BC的交点．考虑以E为中心、将AB映射为DC的位似变换．于是，对于点P所成的像P'，我们有$\angle DP'C = \angle APB$，进而得到我们想要的圆内接四边形$DQCP'$．

由于点K，L以相同的比例分别分割了线段AB，DC，则直线KL经过点E．现在我们可以擦掉点K和L，只留下经过点E的直线．

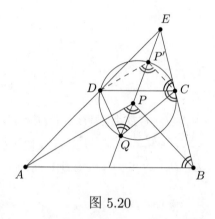

图 5.20

接下来要做的就只剩一些"追角"的工作了．由$\angle CQD = \angle CBA = \angle ECD$，可以推导出$BE$与$DQCP'$的外接圆相切．因此，直线$QC$与$P'C$关于$\angle PEB$逆平行．而由位似关系可知$P'C /\!/ PB$，于是得到$QC$与$PB$也关于$\angle PEB$逆平行，这就意味着$P$，$Q$，$B$，$C$四点共圆．

16. [波兰2000]　在等腰$\triangle ABC$中，BC为底边．设P为$\triangle ABC$内的一点，满足$\angle CBP = \angle ACP$，用M表示底边BC的中点．求证：$\angle BPM + \angle CPA = 180°$．

证明　如图5.21，首先我们来分析已知条件中的$\angle CBP = \angle ACP$，它表明直线AC与$\triangle BCP$的外接圆（用ω表示）相切，而由关于AM的对称性可知，AB也与圆ω相切．

下面我们将焦点放在$\triangle BCP$上．因为与其外接圆相切于顶点B，C的切线相交于点A，于是由入门题49可知，直线PA是$\triangle BCP$的P-类似中线．因此，如果用 M' 表示 PA 与 BC 的交点，我们得到 $\angle BPM = \angle M'PC$，由此可完成证明.

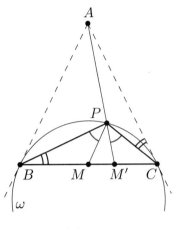

图 5.21

17. $\triangle ABC$ 为非直角三角形，垂心为 H，外接圆为 ω.

(a) P 为 ω 上一点. 求证：点 P 关于 $\triangle ABC$ 三边的镜射与 H 共线，并且 P 关于 $\triangle ABC$ 的西姆森线平分线段 PH.

(b) 设 ℓ 为一条经过点 H 的直线，用 ℓ_a，ℓ_b，ℓ_c 分别表示它关于 $\triangle ABC$ 相应边的镜射. 求证：ℓ_a，ℓ_b，ℓ_c 都经过圆 ω 上的同一点.

证明　如图5.22.

(a) 分别用 P_a，P_b，P_c 表示点 P 关于 BC，CA，AB 镜射所成的像.这里我们只需证明 P_b，P_c，H 共线，其余的部分可用类似的方法证明.

这里最关键的思路是引入垂心分别关于 AC，AB 的镜射所成的像 H_b，H_c. 由命题1.36可知，H_b 与 H_c 都在 $\triangle ABC$ 的外接圆上，它们是关于三角形边线所成的镜射与三角形垂心之间的一条天然纽带.

观察可知，$\triangle AHP_b$ 与 $\triangle AH_bP$ 关于 AC 互为镜射.特别地，它们是全等的（对应顶点的顺序不同）. $\triangle AHP_c$ 与 $\triangle AH_cP$ 之间也是如此. 于是我们掌握了用追角法完成题目所需的信息.事实上，为了考虑到全部 P 可能的位置，我们使用定向角来进行描述，得到

$$\angle(AH, HP_b) = -\angle(AH_b, H_bP) = -\angle(AH_c, H_cP) = \angle(AH, HP_c)$$

其中，第二个等式是我们利用了"A，H_b，H_c和P四点共圆"得到的．最后，由命题1.18 可证明本题结论．

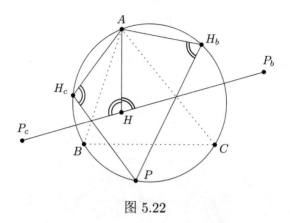

图 5.22

对于西姆森线，可以考虑位似变换$\mathcal{H}(P, \frac{1}{2})$．它将$P_a$，$P_b$，$P_c$分别映射到点$P$在$BC$，$CA$，$AB$上的垂足，从而将通过点$P_a$，$P_b$ 和P_c的直线映射到P关于$\triangle ABC$的西姆森线．因为经过点P_a，P_b和P_c 的直线也经过点H，所以P关于$\triangle ABC$的西姆森线经过PH的中点．

(b) (反施泰纳[①]点) 再次，我们只证明非平行线l_b与l_c的交点X 在圆ω 上．

如图5.23，我们注意到，l_b经过点H_b，l_c经过点H_c．通过类似(a)中用到的对称关系，我们可以再次使用有向角，得到

$$\angle(XH_b, H_bA) = -\angle(\ell, HA) = \angle(XH_c, H_cA)$$

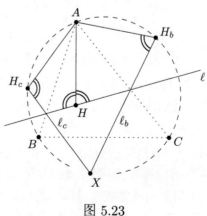

图 5.23

---

① 施泰纳(Jakob Steiner)，1796—1863，瑞士数学家，现代综合几何学的奠基人．

因此，正如我们期望的，点X，A，H_b和H_c在同一个圆上.

18. 圆ω_a与圆ω_b外切于点T，它们分别与外公切线ℓ相切于点A，B. 设圆ω为曲边$\triangle ABT$的内切圆，圆心为O、半径为r. 求证：$OT \leqslant 3r$.

证明 如图5.24，我们关于T进行反演变换，选择反演半径时需要满足圆ω在反演变换后保持不变（如有疑问，可参考入门题53），并将反演后图形与原图合二为一.

在这个反演变化中，圆ω_a，ω_b分别被映射为与圆$\omega' = \omega$相切的两条平行线ω'_a，ω'_b，直线ℓ被映射为圆ℓ'. ℓ'内切于ω'_a与ω'_b组成的带状区域，与ω相外切并经过点T.

至此，答案已经呼之欲出了. 因为圆ℓ'和ω内切于相同的带状区域，所以它们的半径相等. 设ω与ℓ'的切点为X，则有$OT \leqslant OX + XT \leqslant r + 2r = 3r$.

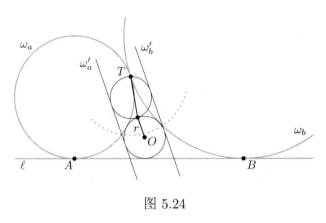

图 5.24

19. $\triangle ABC$内接于圆ω，分别用R，r，r_a，r_b，r_c表示它的外径、内径和三个旁切圆半径.

(a) 用M表示边BC的中点，用N表示圆ω上包含顶点A的$\overset{\frown}{BC}$的中点. 求证

$$MN = \frac{1}{2}(r_b + r_c)$$

(b) 求证

$$r_a + r_b + r_c = 4 \cdot R + r$$

(c) 设D，E，F分别为圆ω上不包含A，B，C的$\overset{\frown}{BC}$，$\overset{\frown}{CA}$，$\overset{\frown}{AB}$的中点. 求证:六边形$AFBDCE$的周长至少为$4(R+r)$.

证明 如图5.25，用I表示$\triangle ABC$的内心，I_a，I_b，I_c分别表示相应的旁心.

(a) 将BC水平放置. 由命题1.42中的大图形可知，N为线段$I_b I_c$的中点，因此竖直方向上，N的高度为I_b与I_c高度的平均值，而I_b，I_c的高度就是相应的旁切圆半径，由此结论得证.

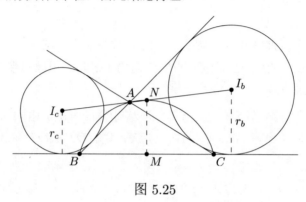

图 5.25

(b) 设D为圆ω上不含有顶点A的$\overset{\frown}{BC}$的中点（图5.26）.于是再一次由大图形可知，D为线段II_a的中点，并且如(a)所示，我们得到$DM = \frac{1}{2}(r_a - r)$. 因为$DN$为圆$\omega$的直径，所以将这个等式与第一部分的结论相加即可证明所求证的结论

$$r_a + r_b + r_c - r = 2 \cdot MN + 2 \cdot DM = 4 \cdot R$$

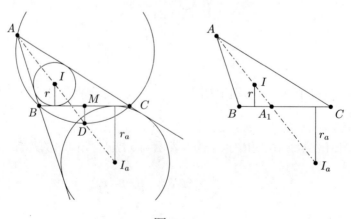

图 5.26

(c) (选自Michal Rolínek编著的Mathematical Reflections) 因为$DB = DC = DI = DI_a$, 我们可以将$AFBDCE$重写为

$$(BD + DC) + (CE + EA) + (AF + FB) = II_a + II_b + II_c$$

综合(b)的结论可知, 我们需要证明上式的值不小于$(4 \cdot R + r) + 3r = (r_a + r) + (r_b + r) + (r_c + r)$. 一种是我们关注于更加简洁的图形并证明$II_a \geqslant r_a + r$, 如果这个不等式是成立的, 那么由对称性其余的不等式也成立, 进而可完成结论的证明. 幸运的是, 这个不等式不仅是成立的, 而且是显而易见的.

事实上, 如果用A_1表示$\angle A$的角平分线与BC的交点, 我们即可得到$IA_1 \geqslant r$, 并且$A_1I_a \geqslant r_a$, 因此$II_a \geqslant r_a + r$.

由此, 结论得证.

20. 已知平面内有三个圆ω_1, ω_2和ω_3, 并且它们互相在彼此的外部. 圆ω分别与它们外切于点A_1, A_2, A_3, 圆Ω分别与它们内切于点B_1, B_2, B_3. 求证: 直线A_1B_1, A_2B_2, A_3B_3交于一点.

证法1 如图5.27, 本题需要证明几条由圆的切点定义的直线交于一点, 这使我们想到了位似变换.

点A_1为将圆ω映射为ω_1的负位似变换的中心, 点B_1是将圆ω_1映射为Ω的正位似变换的中心. 因为在进行前一个位似变换后紧接着进行后一个位似变换将得到一个将圆ω映射为Ω的负位似变换, 所以由引理1.31可知, 直线A_1B_1经过ω与Ω之间的负位似变换的中心H^-.

同理, 直线A_2B_2, A_3B_3也经过H^-. 因此结论得证.

证法2 这次, 我们使用反演变换解决题目.

如入门题53所示, 我们构造一个圆i, 使得ω_1, ω_2, ω_3在进行关于i的反演变换后都分别保持不变. 这个反演变换将圆i内部的圆ω映射为位于i外部、并且分别与$\omega_1' = \omega_1$, $\omega_2' = \omega_2$, $\omega_3' = \omega_3$相切的圆. 然而只存在一个满足这样条件的圆, 它就是Ω. 因此, ω被映射为Ω, 并且特别地, 点A_1, A_2, A_3分别被映射为B_1, B_2, B_3. 因为经过一个点及其反演点(反演变换所成的像)的直线都经过反演中心, 所以直线A_1B_1, A_2B_2, A_3B_3都经过圆i的圆心I.

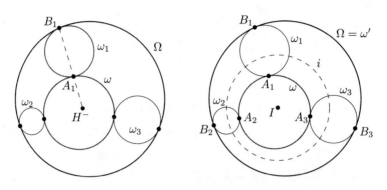

图 5.27

21. [哈萨克斯坦2012] 在$\triangle ABC$中，边BC上有两点K，L，满足$\angle BAK = \angle CAL < \frac{1}{2}\angle A$. 设$\omega_1$为任意分别与直线$AB$，$AL$相切的圆，$\omega_2$为任意分别与直线$AC$，$AK$相切的圆，并假设$\omega_1$与$\omega_2$相交于点$P$和$Q$. 求证：$\angle PAC = \angle QAB$.

证明 如图5.28，在标注圆ω_1与ω_2的交点时，我们假设$AP < AQ$.

显然，题目中提到的点B，K，L，C只是为了便于标注，实际的图形是由一个角（$\angle BAC$），此角中的两个等角线（AK，AL），以及两个圆组成，而这两个圆分别内切于等角线与角的边所形成的夹角. 在这样的结构中，$\sqrt{bc}$-反演是解题方法的不二之选.

用T_1表示圆ω_1与AB的切点，T_2表示圆ω_2与AC的切点. 我们可以考虑以下一系列的变换：首先关于$\angle BAC$角平分线进行镜射变换，然后再以A为中心、$\sqrt{AT_1 \cdot AT_2}$为半径进行反演变换.

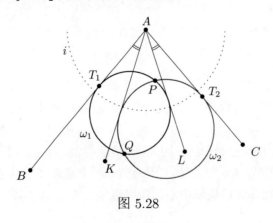

图 5.28

经过这样的变换后，圆ω_1被映射为内切于$\angle KAC$的圆，它与AC的切点

距点A的距离为

$$\frac{r^2}{AT_1} = \frac{AT_1 \cdot AT_2}{AT_1} = AT_2$$

因此，它被映射为圆ω_2，而ω_2被映射到圆ω_1. P是ω_1与ω_2的两个交点中离点A较近的点，它被映射为ω_2与ω_1的两个交点中离A较远的那个，也就是点Q. 由于在这样的变换中，原点与它的象点位于等角线上，结论得证.

22. [俄罗斯数学奥林匹克竞赛2011] 已知$\triangle ABC$为一锐角三角形. 经过顶点A及三角形外心O的圆分别与AB，AC相交于点P，Q. 求证：$\triangle POQ$的垂心在直线BC上.

证法1　如图5.29，用H表示$\triangle POD$的垂心.

如果可以证明$BHOP$与$CHOQ$均为圆内接四边形，那么由于$\angle BHO + \angle OHC = \angle APO + \angle OQA = 180°$，我们就完成了本题的证明. 由对称性，我们只需证明二者之一即可，这里我们选择证明$BHOP$为圆内接四边形.

本题的图形由$\triangle ABC$及其外心O，$\triangle POQ$及其垂心H组成. 而这两部分通过圆内接四边形$APOQ$联系在一起. 这就为我们使用追角法指引了方向

$$\angle OHP = 90° - \angle HPQ = \angle PQO = \angle PAO = \angle OBA$$

由此，$BHOP$为圆内接四边形，进而结论得证.

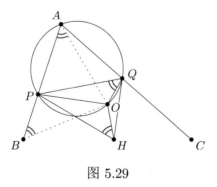

图 5.29

证法2　分别用K，L，M表示边BC，CA，AB的中点（如图5.30）.

首先，我们考虑$P = M$并且$Q = L$的情况（注意：$AMOL$为圆内接四边形），对于一般的情况，我们将使用动态论证.

通过入门题23(b)，我们已经知道点O是$\triangle KLM$的垂心．因此由引理1.34可知，点K是$\triangle OLM$的垂心．因为$K \in BC$，所以$P = M$并且$Q = L$的情况下，结论得证．

现在考虑P，Q分别在边AB，AC上，$P \neq M$，$Q \neq L$并且满足$APOQ$为圆内接四边形的情况．

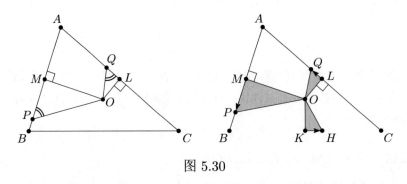

图 5.30

由于$\angle OQL = 180° - \angle AQO = \angle OPM$，通过角角判定可知，直角三角形$\triangle OLQ$与$\triangle OMP$相似．我们考虑以$O$为中心，分别将$L$映射为$Q$，将$M$映射为$P$ 的旋转相似变换 $\mathcal{S}$．因为H为$\triangle OPQ$的垂心，我们只需证明$\angle HKO = 90°$．

由于$\mathcal{S}$将$\triangle OLM$映射为$\triangle OQP$，它也将$\triangle OLM$的垂心（即点K）映射为$\triangle OPQ$的垂心（即点H）．因此，$\triangle OKH \backsim \triangle OMP \backsim \triangle OLQ$，于是$\angle OKH = \angle OMP = 90°$．由此，结论得证

23. [俄罗斯数学奥林匹克竞赛2002] 点O为$\triangle ABC$的外心．分别在边AB，AC上取在点M，N，满足$\angle NOM = \angle A$．求证：$\triangle MAN$ 的周长不小于边BC 的边长．

证明 如图5.31，本题需要一些小技巧.我们的策略是调整$\triangle AMN$边的位置使它们组成一条断开的直线，接下来就比较方便比较它与BC的长度了．而三角形外心的存在（到A，B，C 距离相等的点）提示我们可以使用旋转变换来完成位置调整．

首先，我们考虑以O为中心、将A映射到B的旋转变换，并将它用于$\triangle AOM$，用M'表示点M所成的像．类似地，考虑以O为中心，将A映射到C的旋转变换，并将它用于$\triangle AON$，从而得到点N'．因为旋转变换保留

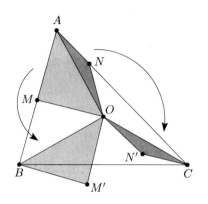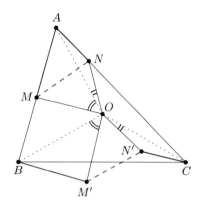

图 5.31

了长度，我们有$BM'=AM$，$CN'=AN$. 接下来我们希望证明$M'N'=MN$，进而由"B与C之间直线距离最短"完成证明.

因为$OM=OM'$并且$ON=ON'$，我们只需通过证明$\angle M'ON'=\angle NOM$，利用边角边判定进一步证明$\triangle MON$与$\triangle M'ON'$全等，而因为$\angle BOC=2\angle A$（圆心角），并且

$$\angle M'ON'=\angle BOC-(\angle BOM'+\angle N'OC)=2\angle A-\angle NOM=\angle A$$

所以$\angle M'ON'=\angle NOM$，由此可完成证明.

24. [沙雷金几何奥林匹克竞赛2005] 在不等边$\triangle ABC$中，H为垂心，I为内心. 直线ℓ_a垂直于$\angle A$的角平分线，并经过边BC的中点. 类似地有直线ℓ_b和ℓ_c. 求证：由这三条直线围成的三角形的外心O_1在直线IH上.

证明 如图5.32，我们的目标是将点O_1与$\triangle ABC$的某个三角形中心联系在一起. 首先，我们将中点从图中去掉. 用G表示$\triangle ABC$的重心，回忆之前遇到过的题目可知，位似变换$\mathcal{H}_1(G,-2)$将BC的中点映射到点A，因此直线ℓ_a被映射为经过点A并垂直于$\angle A$内角平分线的直线ℓ'_a. 换句话说，ℓ'_a即为$\angle A$的外角平分线. 由于直线ℓ_b，ℓ_c的情况也是如此，所以由位似变换所成像构成的三角形的顶点是$\triangle ABC$的旁心I_a，I_b和I_c. 此外，O_1也被映射为$\triangle I_aI_bI_c$的外心O_2.

为了将O_2与$\triangle ABC$联系上，我们将利用重点（见命题1.42）. 回忆可知，以点O为圆心的$\triangle ABC$的外接圆正是$\triangle I_aI_bI_c$的九点圆，并且

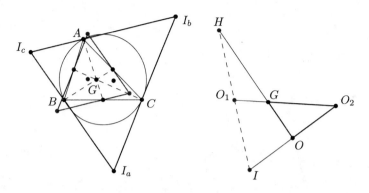

图 5.32

点I是$\triangle I_a I_b I_c$ 的垂心. 因此，正如命题1.37中九点圆的证明过程所示，位似变换$\mathcal{H}_2(I,\frac{1}{2})$ 将O_2映射到O.

最后，我们已经通过$\triangle ABC$的三角形中心找到了O_1的位置，于是可以作图把它表示出来. 因为点H，G，O在欧拉线上位置比例已知（见例题1.3），我们有足够的信息来完成题目. 我们可以通过$\triangle HIO_2$及其重心G识别出一个熟悉的图形，也可以在$\triangle GOO_2$中通过梅涅劳斯定理证明点O_1，I及H三点共线. 事实上，因为有

$$\frac{IO}{IO_2}\cdot\frac{O_1O_2}{O_1G}\cdot\frac{HG}{HO}=\frac{1}{2}\cdot\frac{3}{1}\cdot\frac{2}{3}=1$$

即可完成证明.

25. 圆ω_a与圆ω_b外切于点T，并分别与圆ω内切于点A，B. 过点T作ω_a与ω_b的公切线，设公切线与圆ω的交点之一为S. 直线AS 与圆ω_a二次相交于点C，直线BS与圆ω_b二次相交于点D. 直线AB分别与圆ω_a二次相交于点E、与圆ω_b二次相交于点F. 求证：直线ST，CE，DF相交于一点.

证明　如图5.33，因为ST是圆ω_a与ω_b的根轴，由命题1.23的根引理，本题只需证明点C，D，E，F在一个圆上.

由入门题45可知，直线CD是圆ω_a，ω_b的外公切线.

因此，$\angle DCE = \angle CAE$. 而由于以B为中心，将ω映射为ω_b的位似变换将AS映射为FD，于是我们有$AS//FD$，并且$\angle CAE = \angle SAB = \angle DFB$，因此得到$CDEF$为圆内接四边形，由此题目得证.

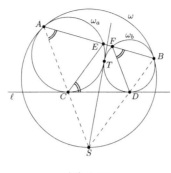

图 5.33

26. 求最短路径.

(a) 设 ℓ 为一条直线，A，B 为直线同侧的两个点. 求：对于所有 $L \in \ell$ 来说，哪一个 L 使得 $AL + LB$ 最小？

(b) $\triangle ABC$ 为一个锐角三角形，$\triangle DEF$ 的顶点 D，E，F 分别在边 BC，CA，AB 上. 请找出所有 $\triangle DEF$ 中周长最小的那一个.

解 (a) 如图 5.34，为了估算折线的长度，我们将把它拉直.

设点 B 关于 ℓ 的镜射为 B'. 于是对于任意直线 ℓ 上的点 X，我们都有 $AX + XB = AX + XB' \geqslant AB'$，当 $X \in AB'$ 时取等号. 因此，我们所找的满足条件的 L 就是直线 ℓ 与 AB' 的交点.

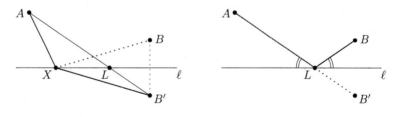

图 5.34

(b)**解法 1** （法尼亚诺[①]问题）如果点 D，E，F 分别为 $\triangle ABC$ 三边上的点并且满足 $\triangle DEF$ 的周长最小，则由 (a) 可知，线段 DE，DF 与 BC 所成的夹角相等，其他边的情况也相同. 换句话说，直线 BC，CA，AB 分别为 $\triangle DEF$ 的外角平分线，于是，点 A，B，C 均为 $\triangle DEF$ 的旁心（如图 5.35）.

———————————
① 法尼亚诺，意大利数学家.

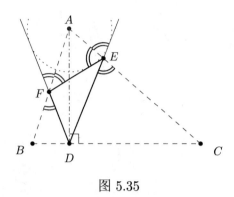

图 5.35

作为△DEF中的D-旁心，点A在△FDE的角平分线上. 因为∠FDE的内、外角平分线互相垂直，所以在△ABC中，点D为以A为顶点的高线的垂足. 同理，E和F 也为其他两条高的垂足.

综上可知，周长最小的三角形是以△ABC的三条高的垂足为顶点的那个.

解法2 受(a)的启发，我们先在边BC上"固定"点D，并设D关于边AB、AC 的镜射分别为D'，D''(如图5.36). 于是

$$DF + FE + ED = D'F + FE + ED'' \geqslant D'D''$$

接下来我们的目标是在边BC上找到这样的点D，使得D'D''的长度最短.

当点D在BC上变化时，它关于边AB，AC的镜射分别沿着线段BC'，B'C运动，其中△ABC'，△ACB'分别为△ABC关于边AB，AC的镜射. 此外，BD' = BD = B'D''，所以我们可以暂且把图形简化为：两个全等三角形△AC'B，△ACB' 及其边C'B，CB'上的点D'，D''.

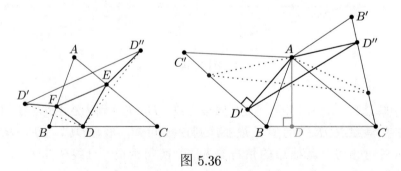

图 5.36

以A为中心，将△AC'B 映射为△ACB'的旋转相似变换（事实上这是一个旋转变换），将点D'映射为D''.因此，所有的△AD'D'' 的形状相同，而

为了使 $D'D''$ 取最小值，我们可以转而寻找最小的 AD'. 在 $C'B$ 上离 A 最近的点就是 A 在 $C'B$ 上的投影，相应的，在 $\triangle ABC$ 中，它对应的 D 是以 A 为顶点的高的垂足.

同理，我们可以得到以下结论：E, F 也为高线的垂足.

备注：请注意，(b) 的第二个解法中并不要求假设里的周长最小的三角形是一定存在的. 如果我们想在第一种解法中也去掉这个假设，那么我们需要证明：随着三角形周长逐渐减小，不会出现三角形退化为 D, E, F 之一与原三角形的某个顶点重合的情况.

27. [IMO 1992] 已知一个弓形以 A, B 为端点，圆 ω_1, ω_2 分别与弓形内切，并相互外切于点 T，直线 ℓ 为其内公切线.

(a) 求证：直线 ℓ 经过一个定点，并且此定点与圆 ω_1, ω_2 的位置无关.

(b) 设直线 ℓ 与 $\overset{\frown}{AB}$ 的交点为 C. 求证：T 为 $\triangle ABC$ 的内心.

证法1 如图5.37，不失一般性地，假设 AB 为水平方向，并且弓形在其"上方". 由 $\overset{\frown}{AB}$ 可确定一个圆，设为圆 ω.

(a) 我们将证明直线 ℓ 所经过的定点就是圆 ω 上，弦 AB "下方" 的弧的中点 M.

我们知道，圆 ω_1 与 ω_2 的内公切线就是它们的根轴. 因此只需证明 $p(M, \omega_1) = p(M, \omega_2)$.

分别用 T_1, T_2, K, L 表示 ω_1 与 ω, ω_2 与 ω, ω_1 与 AB, 以及 ω_2 与 AB 的切点.

因为 K 为圆 ω_1 的 "底部点"，以 T_1 为中心、将圆 ω_1 映射到 ω 的位似变换，也将点 K 映射到 M. 因此，点 T_1, K, M 三点共线. 同理，T_2, L, M 也三点共线.

现在我们只需证明 $MK \cdot MT_1 = ML \cdot MT_2$ 了，而由命题1.40(c) 的打靶引理（应为(a)）可知，等式两边都等于 MA^2，由此结论得证.

(b) 因为 CT 经过点 M，它是 $\angle ACB$ 的角平分线. 由命题1.39中 "内心" 的另一个定义，我们只需证明 $MT = MA$，而因为

$$MT^2 = p(M, \omega_1) = MK \cdot MT_1 = MA^2$$

这是一目了然的，由此结论得证

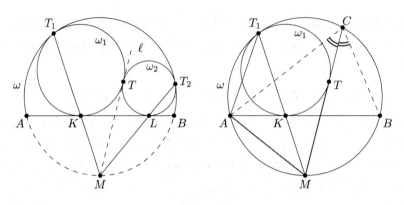

图 5.37

证法2 如图5.38,设 $\overset{\frown}{AB}$ 所在的圆为 ω,并且直线 ℓ 与 ω 相交于点 C 和 M,其中点 C 在 $\overset{\frown}{AB}$ 上.将直线 ℓ 置于竖直方向.关于点 T 进行反演变换,并将所得到的像加角标 "'" 进行标注.

反演变换后,圆 ω_1, ω_2 和直线 ℓ 成为三条竖直的直线 ω_1', ω_2' 和 ℓ',其中 ℓ' 夹在其余两条直线之间.而直线 AB 成为圆 Γ,它与 ℓ' 相交于点 T,并分别与 ω_1', ω_2' 相切.圆 ω 成为圆 ω',它与 ω_1' 和 ω_2' 相切,并且点 T 在它的内部. ω' 与 Γ 相交于 A' 和 B', ℓ' 与 ω' 相交于 C' 和 M',其中点 M' 在 Γ 内部.

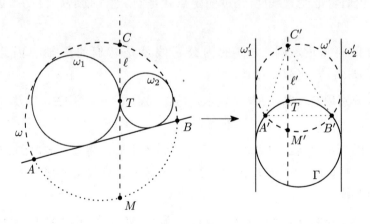

图 5.38

现在,由对称性可知, $A'B'$ 为水平方向,并且点 M' 为 T 关于 $A'B'$ 的镜射.因此,由命题1.36可得, T 为 $\triangle A'B'C'$ 的垂心.进一步地,因为 $\triangle A'B'C'$ 的垂心在它内部,所以它是锐角三角形.利用入门题44的结论,并结合 "关于 T 进行的第二次反演变换会将第一次变换逆转过来" 这样一个事实,我们看到 T 为 $\triangle ABC$ 的内心.由此可证明(b).

因为CT为$\angle ACB$的角平分线，所以M为圆ω上，非已知部分弧AB的中点，这个点与圆ω_1，ω_2的位置无关.由此，(a)得证.

28. [IMO 2005] 在凸四边形$ABCD$中，$BC = DA$，并且BC不与DA平行. E，F分别为边BC，DA上的动点，满足$BE = DF$. 直线AC与BD相交于点P，直线BD与EF相交于点Q，直线EF与AC相交于点R. 求证：当点E与F运动时，$\triangle PQR$的外接圆都经过除P以外的另一个公共点.

证明　如图5.39，对于已知条件$BC = DA$，$BE = DF$，最顺理成章的用法是考虑将点B映射到D、并将点C映射到A（因此也将点E映射到F）的旋转变换$\mathcal{R}$. 用S表示这个旋转变换的中心.

由于旋转变换是旋转相似变换的特例，由命题1.47可知，它的中心S是$\triangle BCP$外接圆与$\triangle DAP$外接圆的第二个交点. 在本题中，$\mathcal{R}$也将BE映射到DF，将EC映射到FA，因此点S也在$\triangle BEQ$，$\triangle DFQ$，$\triangle ECR$，$\triangle FAR$等三角形的外接圆上.

通过如此多的信息，我们不难猜出并证明点S正是我们要找的. 例如，如果我们利用$BCPS$与$ECRS$均为圆内接四边形这个条件，则

$$\angle(SR, RQ) \equiv \angle(SR, RE) = \angle(SC, CE) \equiv \angle(SC, CB) = \angle(SP.PB) \equiv$$
$$\equiv \angle(SP, PQ)$$

这里为了考虑到所有可能的情况，我们使用了有向角.

由此，结论得证.

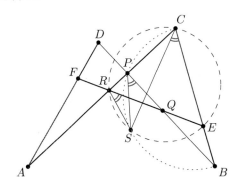

图 5.39

29. [俄罗斯数学奥林匹克竞赛1995] 四边形$ABCD$内接于以O为圆心、以AB为直径的半圆ω,直线CD与AB相交于点M. 设K为$\triangle AOD$的外接圆与$\triangle BOC$的外接圆的第二个交点. 求证:$\angle MKO = 90°$.

证明 如图5.40,考虑关于ω的反演变换,并分别用M',K'表示M,K所成的像.由命题1.51可知,接下来只需证明$\angle OM'K' = 90°$.

很明显,在这个反演变换中,点A,B,C,D保持不变.$\triangle AOD$的外接圆和$\triangle BOC$的外接圆分别被映射为直线AD和BC,因此$K' = AD \cap BC$.

直线CD被映射为$\triangle COD$的外接圆(表示为Γ),直线AB被映射为它自己,因此点M'为Γ与AB的第二个交点.

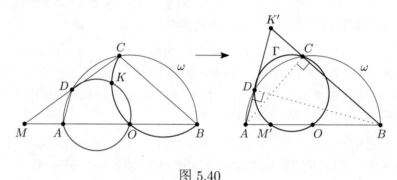

图 5.40

我们关注$\triangle ABK'$,AC与BD为三角形的高线. 因为O为AB的中点,由定理1.37可得,Γ是这个三角形的九点圆,因此M'是从K'到AB 的高线的垂足. 由此,结论得证.

注释:即使AB为圆ω上的任意一条弦,这个结论仍旧成立.对此感兴趣的读者可以尝试去证明.

30. [波兰2006] 点C为线段AB的中点. 圆ω_1经过点A和点C,圆ω_2经过点B和点C,ω_1与ω_2 相交于两个不同的点C 和点D. 点P 为圆ω_1上不包含点C的$\overset{\frown}{AD}$的中点. 类似地,点Q为圆ω_2上不包含点C的$\overset{\frown}{BD}$ 的中点.求证:$PQ \perp CD$.

证明 如图5.41,我们将证明CP与CQ在CD上的投影长度相等,由此证明$PQ \perp CD$.

仅关注图形的左半部分,由命题1.38(b)可知,CP为$\angle ACD$的角平分线,而我们面对的是一个非常标准的典型结构.

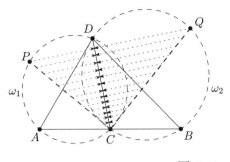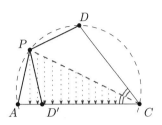

图 5.41

在众多可能的解题方法中，我们选择一个快速（但具有技巧性）的解法.用D'表示D关于角平分线CP的镜射.所以，$D' \in AB$，并且$PD' = PD = PA$（P为$\overset{\frown}{AD}$的中点）.将AC置于水平方向帮助我们意识到点P在AD'中点的"上方"，于是CP在CA上的投影等于$\frac{1}{2}(CA + CD') = \frac{1}{2}(CA + CD)$，因为$CP$为角平分线，它在$CD$上的投影长度与此相等.当$D'$与$A$重合时，$ACDP$是以$CP$为直径的圆内接等形，并且我们可以得到相同的结论.

类似地，我们可以发现CQ在CD或CB上的投影等于$\frac{1}{2}(CB + CD)$，由此，结论得证.

31. [选自Michal Rolínek编著的Mathematical Reflections] 设以BC为半径的圆ω上一段固定的弦，A为圆ω的优弧BC上的一个动点，满足$\triangle ABC$为锐角三角形，并且$\angle A \neq 60°$，点H为其垂心.

(a) 求证：点H关于$\angle A$的角平分线所成的镜像H'，沿着圆运动.

(b) 求证：点H在$\angle A$的角平分线上的投影X，也沿着圆运动.

证明 (a) 如图5.42，观察可得，在$\angle BAC$中，AH'为AH的等角线，因此由命题1.17可知，点A，H'，O三点共线，其中O为$\triangle ABC$的外心. 此外，由命题1.35(f)，$AH' = AH = 2R|\cos\angle A|$，为固定值. 因此，$OH' = |AO - AH'| = R|1 - 2\cos\angle A|$也为固定值，于是点$H'$沿着以$O$为圆心、半径为$R|1 - 2\cos\angle A|$（不等于0）的圆运动.

(b)**证法**1 用A_0和M分别表示圆ω上优弧和劣弧BC的中点，并且设H_0为$\triangle A_0BC$的垂心. 观察可知，当$A = A_0$时，点X与H_0重合. 我们将证明点X在以MH_0为直径的圆上.

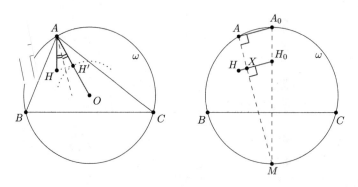

图 5.42

首先，观察可得，AX 与 A_0H_0 都与圆 ω 相交于点 M. 进一步，在入门级问题 16 中，我们已经证明过 $HH_0 // AA_0$，因为 MA_0 为圆 ω 的一条直径，我们有 $AA_0 \perp AM$，因此 $HH_0 \perp AM$. 于是 $X \in HH_0$，并且 $\angle MXH_0 = 90°$. 题目由此得证.

证法 2 回顾命题 1.36 可知，H 的轨迹也是一个圆，事实上它是圆 ω 关于 BC 的镜射. 结合 (a) 的结论，点 H' 与 H 以相同的相对速度（即点 A 沿圆 ω 运动的速度）沿某个圆运动，所以由平均原理即可马上得出结论：它们的中点 X 也以相同的速度沿某个圆运动.

32. [沙雷金几何奥林匹克竞赛 2012] 锐角 $\triangle ABC$ 内接于圆 ω，设 A' 为点 A 在 BC 上的投影，B'，C' 分别为 A' 在 AC，AB 上的投影. 直线 $B'C'$ 与圆 ω 相交于点 X 和 Y，直线 AA' 与圆 ω 二次相交于点 D. 求证：A' 为 $\triangle XYD$ 的内心.

证明 如图 5.43，首先，我们将证明 DA 为 $\angle XDY$ 的角平分线. 用 O 表示 $\triangle ABC$ 的外心，回顾命题 1.17 可知，在 $\angle BAC$ 中，AO 为 AA' 的等角线.

因为 $\angle AB'A' = \angle AC'A' = 90°$，直线 AA' 经过 $\triangle AB'C'$ 的外心，而在 $\angle B'AC'$ 中，AO 也为 AA' 的等角线，所以 AO 垂直于 $B'C'$. 由于"垂直于圆的一条弦并经过圆心的直线，是这条弦的中垂线"，所以 A 是圆 ω 上 $\overset{\frown}{XY}$ 的中点. 因此，DA 平分 $\angle XDY$（如有疑问，可以参考命题 1.38(b)).

由命题 1.39(b) 中内心的另一个定义，我们现在只需证明 $AA' = AX$. 起初看起来这有些使人找不到头绪，但是因为 $AX^2 = AB' \cdot AC$，由打靶引理 1.40(a)，我们很快就可以去掉 X，只要证明：在 $Rt\triangle AA'C$ 中，$AB' \cdot AC = AA'^2$.

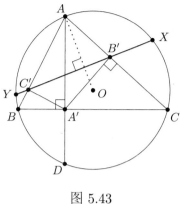

图 5.43

如果你还不清楚如何证明最后的等式，请参考入门题2.

33. [中国国家队选拔赛 2006] 已知 $\triangle ABC$，设点 B_1 与 B_2，C_1 与 C_2 分别在边 AB，AC 上，满足 $\dfrac{BB_1}{BB_2} = \dfrac{CC_1}{CC_2}$. 求证：$\triangle ABC$，$\triangle AB_1C_1$，$\triangle AB_2C_2$ 的垂心三点共线.

证明　如图5.44，我们选择将垂心定义为以 B 为顶点的高与以 C 为顶点的高的交点，并且动态地看待这个题目.

　　想象有一对直线 ℓ_b 与 ℓ_c，满足 $\ell_b \perp AC$、并且 $\ell_c \perp AB$，其中它们以 $B \in \ell_b$，$C \in \ell_c$ 为运动的起点，并一起运动直到 $B_2 \in \ell_b$，$C_2 \in \ell_c$，而因为点 B_1，C_1 分别以相同的比例分割线段 BB_2，CC_2，所以运动过程中经过这样的一个位置：$B_1 \in \ell_b$，并且 $C_1 \in \ell_c$. 水到渠成，接下来我们只需证明 ℓ_b 与 ℓ_c 的交点沿一条直线运动.

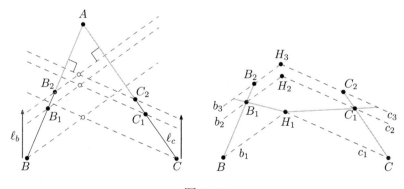

图 5.44

分别将ℓ_b与ℓ_c的三个位置标记为b_1，b_2，b_3，和c_1，c_2，c_3，它们的交点分别为H_1，H_2，H_3.现在只需观察以H_1为中心、将b_2映射为b_3的位似变换，它的位似比为$\dfrac{BB_2}{BB_1} = \dfrac{CC_2}{CC_1}$，因此它也将$c_2$映射为$c_3$，所以它将$H_2$映射为$H_3$，从而证明了三点共线.

34. [俄罗斯数学奥林匹克竞赛2009] 设$\triangle ABC$为一个不等边三角形，$\angle A$的角平分线与边BC相交于点D，并与$\triangle ABC$的外接圆Ω相交于点A和点E，以DE为直径的圆ω与圆Ω二次相交于点F. 求证：AF是$\triangle ABC$的类似中线[①].

证法1 如图5.45，首先观察可得，因为M为BC的中点，所以$\angle DME = 90°$，进而点M在圆ω上. 现在考虑$\sqrt{bc}$-反演变换. 因为变换后圆ω的直径端点D与E互换，所以反演变换后它自己保持不变. 而因为$\sqrt{bc}$-反演变换调换了BC与ω（应为Ω），所以显然点M被映射到F，于是在$\angle A$中，直线AF与AM互为等角线.由此，结论得证.

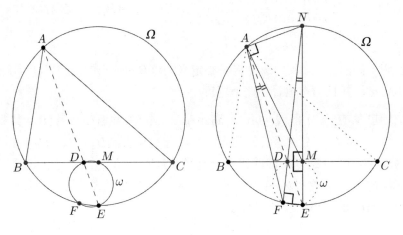

图 5.45

证法2 如证法1所示，M为BC的中点并且在圆ω上. 此外，设点E在圆Ω上的对径点为N，因此，E，M，N三点共线. 因为$\angle EFD = 90°$，所以射线FD与圆Ω二次相交于点N. 最后，由于$\angle DMN = 90°$，并且$\angle EAN = 90°$（EN是圆Ω的直径），所以$DMNA$为圆内接四边形. 现在我们可以通过追角法来证明AF与AM的等角关系，即

$$\angle FAE = \angle FNE \equiv \angle DNM = \angle DAM$$

[①] 详细解释入门题49.

35. [波罗的海数学奥林匹克 2006] 在 $\triangle ABC$ 中，K 为边 AB 的中点，L 为边 AC 的中点. 设 $\triangle ABL$ 外接圆与 $\triangle AKC$ 外接圆的第二个交点为 P，AP 与 $\triangle AKL$ 外接圆二次相交于点 Q. 求证：$2AP = 3AQ$.

证明 如图5.46，通过观察"关键点"点 A，我们决定进行 $\sqrt{bc}$-反演变换，并适当地整理图形. 我们对标准的 $\sqrt{bc}$-反演变换进行一些微调，将反演半径设定为 $\sqrt{\dfrac{1}{2}bc}$，从而得到 $K' = C$，$L' = B$.

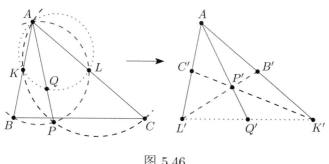

图 5.46

于是在 $\triangle AL'K'$ 中，P' 是中线 $B'L'$ 与 $C'K'$ 的交点，即为三角形的重心. 并且，因为 Q' 是 AP' 与 $K'L'$ 的交点，它也是 $K'L'$ 的中点. 由于中线将彼此分为 $2:1$ 的两段，我们有 $\dfrac{3}{AP'} = \dfrac{2}{AQ'}$. 于是在原图中我们有 $\dfrac{3}{AP} = \dfrac{2}{AQ}$，结论得证.

注释：本题中，无需将反演变换与镜射结合在一起.另一方面，如果证明在 $\triangle ABC$ 中，AP 为类似中线（详细解释见入门题49），那么它将提供更多的解题思路.

36. 一个角度为固定值 φ 的角绕它的顶点 A 旋转，并与固定直线 ℓ 相交于点 B 和 C. 求证：全部 $\triangle ABC$ 的外接圆都与一个固定圆相切.

证明 如图5.47，关于 A 进行反演变换，现在 ℓ 变换为圆 ℓ'，并且 $A \in \ell'$. 这个角仍绕着 A 旋转，并且 $B', C' \in \ell'$. 我们的目标是证明这些直线 $B'C'$ 与一个固定的圆相切.

然而所有可能的线段 $B'C'$ 都是圆 ℓ' 的弦，并且他们对应相同的圆周角 φ. 所以，所有线段 $B'C'$ 的长度都相等，因此它们到圆 ℓ' 的圆心 O 的距离为固定值 d. 换句话说，直线 $B'C'$ 都将与以 O 为圆心、以 d 为半径的圆相切.

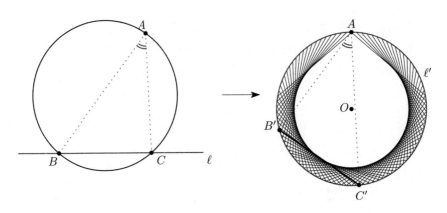

图 5.47

37. [伊朗2011] 设△ABC的外接圆为以O 为圆心的圆ω，M，N分别为边AB，AC上的点，△AMN的外接圆与圆ω二次相交于点Q，MN与BC的交点为P. 求证：当且仅当OM = ON时，PQ与圆ω相切.

证明 如图5.48，不失一般性地，假设点Q在圆ω不包含点C的$\overset{\frown}{AB}$上，我们观察到，正如定理 1.49 描述的，Q 为四边形 BCNM 的密克点. 因此，PBMQ与PCNQ也为圆内接四边形.

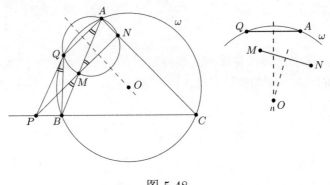

图 5.48

首先，我们假设PQ与圆ω相切成立. 这里我们将运用追角法完成证明.

因为PBMQ为圆内接四边形，所以∠PQB = ∠PMB ≡ ∠NMA. 另一方面，由于PQ与圆ω相切，于是我们得到∠PQB = ∠QAB. 所以，QA//MN.

因为QMNA是圆内接梯形，所以它的两个腰相等，并且QA与MN的中垂线重合. 此外，由于点O在QA的垂直平分线上，所以它也在MN的中垂线上. 于是得到所求证的OM = ON.

现在我们来证明"当"的部分, 假设$OM = ON$成立.

观察可知, QA与MN的中垂线都经过点O, 如果二者不是重合的, 那么O就必须为圆内接四边形$QMNA$的外心. 然而, 因为M和N都在圆ω内部, 即$OM < OA$, 所以O不可能是$QMNA$的外心. 因此, 线段QA与MN共享垂直平分线, 于是$QMNA$为等腰梯形.

最后, 与前一部分类似, 我们通过追角法得到$\angle PQB = \angle PMB \equiv \angle NMA = \angle QAB$, 所以$PQ$与圆$\omega$相切.

38. [美国国家队选拔赛2000] 在$ABCD$圆内接四边形中, 对角线交点P在边AB, CD上的投影分别为E, F, 边BC, DA的中点分别为K, L. 求证: 直线EF垂直于KL.

证明 如图5.49, 这里我们将展示一种旋转相似变换的绝妙的应用. 因为$ABCD$为圆内接四边形, 我们希望在两个相似的三角形$\triangle ABP$与$\triangle DCP$上使用平均原理, 但是因为它们是逆相似的, 所以这条路无法直接走通. 我们将点P关于CD进行镜射得到P', 进而得到正直接相似的两个三角形$\triangle ABP$与$\triangle DCP'$. 由此, 问题得到解决, 而它们的"平均值"即$\triangle LKF$, 与二者形状相同.

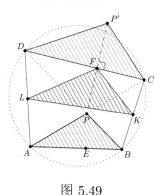

图 5.49

类似地, 我们可以证明$\triangle LEK$的形状也相同. 于是四边形$LEFK$是由两个全等的三角形沿着KL粘合而成, 因此它为筝形, 由此结论得证.

39. [IMO 2010] 已知$\triangle ABC$的内心为I、外接圆为Γ, AI与圆Γ二次相交于点D. 设E为$\overset{\frown}{BDC}$上一点, F为线段BC上一点, 满足$\angle BAF = \angle EAC < \dfrac{1}{2}\angle BAC$. 如果$G$为$IF$的中点, 求证: 直线$EI$与$DG$的交点在圆$\Gamma$上.

证法1 如图 5.50, 点E, F分别在$\angle BAC$中的等角线上, 其中一个在$\triangle ABC$ 外接圆上, 另一个在边BC 上. 那么这意味着什么呢? 是的, 在$\sqrt{bc}$–反演变换下, 它们互为反演点.

回顾入门题33, 在$\sqrt{bc}$–反演变换下, 图中的内心I所成的像为A–旁心, 我们在图中也把它画出来, 即点I_a.

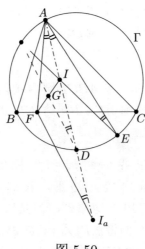

图 5.50

于是现在我们有

$$AI \cdot AI_a = bc = AE \cdot AF$$

$$\angle IAE = \angle FAI_a$$

所以由边角边判定, $\triangle IAE \backsim \triangle FAI_a$, 因此$\angle AEI = \angle AI_aF$. 此外, 如命题1.42中的大图形所示, D为II_a的中点, 因此在$\triangle FII_a$中, DG是中位线, 并且$\angle AI_aF = \angle ADG$.

在圆Γ中, $\angle AEI$与$\angle ADG$为相等的圆周角, 所以它们对应相等的弧, 也就是说EI与DG的交点在圆Γ上.

证法2 如图5.51, 设EI与圆Γ二次相交于点X. 等价地, 我们可以证明DX平分FI, 设二者的交点为G'.

因为$\angle DXE = \angle DAE = \angle FAD$, 如果用$H$表示$AF$与$XD$的交点, 那么$HIAX$为圆内接四边形. 换句话说, 直线$HI$与$XA$关于$\angle XDA$逆平行.

而由于D为$\overparen{BC}$的中点, 由命题1.40(c)可知, 在$\angle ADX$中, 直线BC也与XA逆平行, 因此$HI /\!/ BC$.

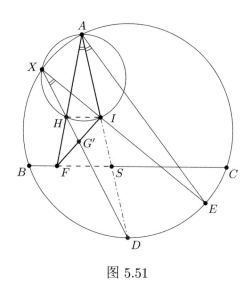

图 5.51

现在我们将证明 $\dfrac{FG'}{G'I}=1$. 让我们聚焦于 $\triangle AFI$ 和分别散落在它各边上并共线的点 H，G'，D. 由梅涅劳斯定理可得

$$\frac{AH}{HF}\cdot\frac{FG'}{G'I}\cdot\frac{ID}{DA}=1$$

因此

$$\frac{FG'}{G'I}=\frac{HF}{AH}\cdot\frac{AD}{DI}$$

因为 $HI/\!/BC$，并且 $\triangle AHI\backsim\triangle AFS$，第一个分式可以重写为 $\dfrac{HF}{AH}=\dfrac{SI}{IA}$，其中点 S 为 BC 与 AD 的交点. 因此整个题目被简化为一条角平分线上的点之间的距离关系，即

$$SI\cdot AD=DI\cdot IA$$

而这一等式在入门题33(c)中已经做过证明.

40. [捷克-波兰-斯洛伐克联合数学竞赛] $ABCDE$ 为一个正五边形. 若 P 为平面内任一点，求

$$\frac{PA+PB}{PC+PD+PE}$$

可以取到的最小值.

解 如图5.52，我们假设 $AB=1$，并用 d 表示 $ABCDE$ 中对角线的长度. 我们可以多次使用托勒密不等式（见命题1.46）. 事实上，如果我们对四边形

（很可能是退化的或者自相交四边形）$APBC$，$APBD$，$APBE$（依此顶点顺序）应用托勒密不等式，我们得到

$$PA \cdot 1 + PB \cdot d \geqslant 1 \cdot PC$$
$$PA \cdot d + PB \cdot d \geqslant 1 \cdot PD$$
$$PA \cdot d + PB \cdot 1 \geqslant 1 \cdot PE$$

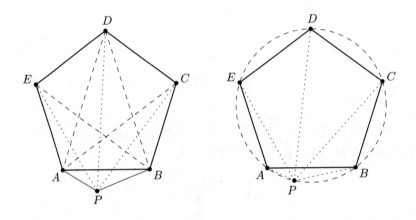

图 5.52

将不等式相加得到

$$(PA + PB)(1 + 2d) \geqslant PC + PD + PE$$

因此

$$\frac{PA + PB}{PC + PD + PE} \geqslant \frac{1}{1 + 2d}$$

因为当点P在$ABCDE$外接圆的劣弧AB上时，取到等号，所以它就是所求的最小值.

接下来还需计算的是d的值，这个不太难. 例如，我们再一次对四边形$ABCD$应用托勒密不等式中的等式，可以得到$1 + d = d^2$. 因此

$$d = \frac{1 + \sqrt{5}}{2}, \quad \frac{1}{1 + 2d} = \sqrt{5} - 2$$

这就是所求的最终答案.

41. [波兰2012] △ABC为以∠A为顶角的等腰三角形，它的外接圆为Ω. 在圆Ω的劣弧AC，AB 中，分别有一个任意的内接圆ω_b，ω_c，它们分别与圆Ω 相切于点B'，C'. 圆ω_b与ω_c的一条外公切线分别与边AC，AB相交于点P，Q. 求证：直线B'P与C'Q的交点在∠BAC 的角平分线上.

证明： 如图5.53，本题的关键是找到一个方法来发现直线B'P（和C'Q）所蕴含的信息. 因为点B'是将圆Ω映射到ω_b 的正位似变换的中心，我们的目标是找办法使P成为另一个位似变换的中心，从而应用引理1.31.

设ω 为△APQ的内切圆. 因为点P是将圆ω_b映射到ω的负位似变换的中心，应用前文所提的引理可以证明直线B'P 经过Ω 与ω之间的负位似变换的中心H^-.

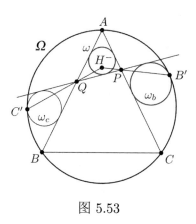

图 5.53

类似地，我们证明出C'P也经过点H^-. 因此，B'P与C'Q 的交点为H^-. 由于AB = AC，圆ω，Ω都关于△BAC的角平分线对称，由此结论得证. ■

42. [美国数学奥林匹克竞赛2001] 已知△ABC及其内切圆ω，分别用D_1，E_1表示圆ω与边BC，AC的切点，点D_2，E_2分别在边BC，AC上，满足$CD_2 = BD_1$和$CE_2 = AE_1$. 设线段AD_2与BE_2相交于点P. 圆ω与线段AD_2相交于两个点，设其中离顶点A 更近一些的点为Q. 求证：$AQ = D_2P$.

证明 如图5.54，用标准表示法，设$CE_2 = AE_1 = x$，$CD_1 = BD_2 = z$，我们将证明

$$\frac{D_2P}{PA} = \frac{AQ}{PA}$$

在 $\triangle ACD_2$ 和直线 BP 中使用梅涅劳斯定理，可以得到第一个比例关系，我们有

$$\frac{D_2P}{PA} \cdot \frac{AE_2}{E_2C} \cdot \frac{CB}{BD_2} = 1$$

因此

$$\frac{D_2P}{PA} = \frac{x}{z} \cdot \frac{z}{a} = \frac{x}{a}$$

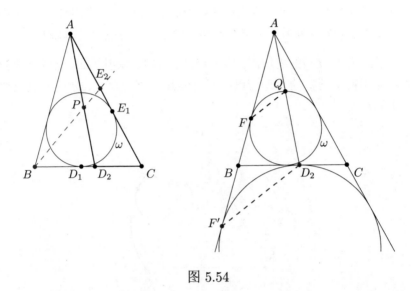

图 5.54

另一方面，回顾命题1.7(c)可得，D_2 为 A–旁切圆（设为圆 ω_a）与 BC 的切点. 现在我们分别用 F，F' 表示直线 AB 与圆 ω，ω_a 的切点. 于是，以 A 为中心、将圆 ω 映射到 ω_a 的位似变换，也将点 F 映射到 F'，将点 Q 映射到 D_2. 因此，$\triangle AFQ \backsim \triangle AF'D_2$，从而得到

$$\frac{AQ}{QD_2} = \frac{AF}{FF'} = \frac{AF}{AF' - AF} = \frac{x}{s-x} = \frac{x}{a}$$

其中，倒数第二个等式可由命题1.7(b)得到.

由此，结论得证.

43. [美国数学奥林匹克竞赛2008] 设 $\triangle ABC$ 为一个不等边锐角三角形，M，N，P 分别为边 BC，CA，AB 的中点. AB，AC 的中垂线分别与射线 AM 相交于点 D，E，直线 BD，CE 相交于点 F，并且点 F 在 $\triangle ABC$ 内部. 求证：点 A，N，F 和 P 四点共圆.

证法1　如图5.55，首先，我们注意到△BDA与△CEA都是等腰三角形。设∠$BAM=\delta$，∠$MAC=\varphi$。在四边形$BFCA$中把两角相加，得到∠$BFC=2\delta+2\varphi=2\angle A$，于是点$F$在△$BCO$外接圆上，其中点$O$是△$ABC$的外心。一旦将外心$O$ 引入图形我们就可以发现，因为AO 为△ANP外接圆的一条直径，于是我们只需证明∠$OFA=90°$。现在我们可以先擦掉点N和P。

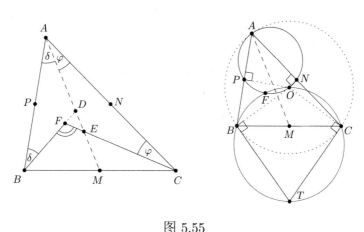

图 5.55

如图5.56，观察圆BOC，我们决定去证明点A，F，以及O的对径点T，三点共线。

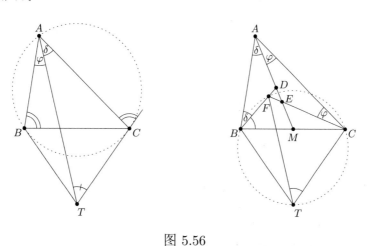

图 5.56

至关重要的一步是看出：点T是分别与△ABC外接圆相切于点B，C的两条直线的交点。证明A，F，T三点共线等价于证明在△ABC中，AF为一条类似中线。（参见入门题49）

我们将比较$\angle CTF$与$\angle CTA$. 因为AT为类似中线,我们有

$$\angle CTA = (180° - \angle ACT) - \angle TAC = \angle B - \delta$$

而在圆内接四边形$TBFC$中

$$\angle CTF = \angle CBF = \angle B - \delta$$

于是,点A,F,T三点共线,从而结论得证.

证法2 如图5.57,正如证法1所示,我们首先观察到$\triangle BDA$和$\triangle CEA$都是等腰三角形,并且$\angle BFC = 2\angle A$. 接下来的窍门就是应用正弦定理证明$\angle AFB = \angle CFA$. 因为点C,F,D不共线,所以只需证明这两个角的正弦值相等.

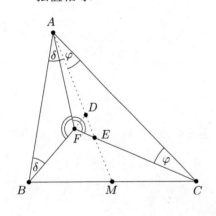 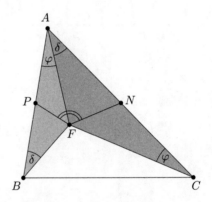

图 5.57

保留证法1中各点的标注,在$\triangle BFA$和$\triangle CFA$中我们得到

$$\sin \angle AFB = \sin \delta \cdot \frac{AB}{AF}$$

$$\sin \angle CFA = \sin \varphi \cdot \frac{AC}{AF}$$

所以为了证明度角相等,我们只需要$AB \cdot \sin \delta = AC \cdot \sin \varphi$. 而在$\triangle ABM$和$\triangle BCM$中应用正弦定理可得

$$AB \cdot \sin \delta = MB \cdot \sin \angle AMB = MC \cdot \sin \angle CMA = AC \cdot \sin \varphi$$

因为$\angle AFB + \angle CFA = 360° - 2\angle A$,我们得到$\angle AFB = \angle CFA = 180° - \angle A$. 由此可以推导出$\angle BAF = \varphi$,并且$\angle FAC = \delta$.

于是△AFC ∽ △BFA，更进一步地，只要恰当地选择k，旋转相似变换 $\mathcal{S}(F, k, 180° - \angle A)$ 就可以将△AFC 映射到△BFA. 因此，它也将点N映射到P，这意味着$\angle NFP = 180° - \angle A$，也就是说ANFP为圆内接四边形.

44. [巴尔干数学奥林匹克竞赛2009]　在△ABC中，直线MN平行于边BC，其中点M在边AB上，N在边AC上. 直线BN，CM相交于点P. △BMP外接圆与△CNP外接圆相交于互异的两个点P和Q. 求证：$\angle BAQ = \angle CAP$.

证明　如图5.58，首先，图形中的一部分是我们非常熟悉的结构. 因为点Q是△BMP，△CNP外接圆的第二个交点，由定理1.49可知，它是四边形AMPN的密克点，因此它也在△ABN的外接圆和△ACM的外接圆上.

这提示我们要关于点A（这是目前与其余部分关联最多的点）进行反演变换.现在的问题是，反演变换的半径如何取呢？因为MN//BC，我们有

$$\frac{AM}{AB} = \frac{AN}{AC}$$

或者

$$AM \cdot AC = AN \cdot AB.$$

由$\sqrt{bc}$-反演的性质可知，我们可以关于点A进行半径为$\sqrt{AM \cdot AC} = \sqrt{AN \cdot AB}$的反演变换，并将所得的像关于$\angle BAC$的角平分线进行镜射.

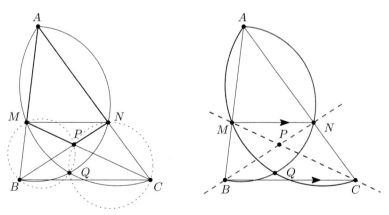

图 5.58

在这样的变换之下，点M与C发生互换，点N与B也是. 因此，△AMC的外接圆被映射为直线MC，△ANB的外接圆被映射为直线NB. 于是，点Q被映射到点P，因此$\angle BAQ = \angle CAP$.

45. [IMO 1998] 在凸六边形$ABCDEF$中，$\angle B + \angle D + \angle F = 360°$，并且

$$\frac{AB}{BC} \cdot \frac{CD}{DE} \cdot \frac{EF}{FA} = 1$$

求证

$$\frac{BC}{CA} \cdot \frac{AE}{EF} \cdot \frac{FD}{DB} = 1$$

证明 如图5.59，我们需要找到一个方法可以同时将两个已知条件应用起来. 由第一个条件我们可以想到将$\angle B$，$\angle D$，$\angle F$整合到一起. 事实上，我们将把分别与$\triangle CDE$，$\triangle EFA$，$\triangle ABC$相似的三个三角形聚到一起.

观察所求的结论，我们看到在B，D，F中，点D扮演着特殊的角色（它是两条对角线的端点），这也是在这个结构中我们选择点D作为关键点的原因.

取点X，满足$\triangle EDX \backsim \triangle EFA$（正相似）. 于是

$$\angle CDX = 360° - \angle D - \angle F = \angle B$$

并且

$$DX = FA \cdot \frac{ED}{EF} = BA \cdot \frac{CD}{CB}$$

因此，由边角边判定，$\triangle CDX$与$\triangle CBA$相似.

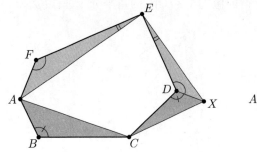
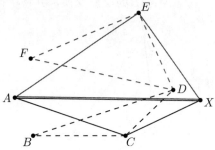

图 5.59

因为相似成对出现（见命题1.45），我们将进一步得到 $\triangle EFD \backsim \triangle EAX$，$\triangle CBD \backsim \triangle CAX$，最后，由后两个相似关系可以推导出$AX$长度的表达式

$$FD \cdot \frac{EA}{EF} = AX = BD \cdot \frac{CA}{CB}$$

重新组合后，即可证明所求证的等式.

46. [选自Michal Rolínek 编著的Mathematical Reflections] 在锐角不等
    边△ABC中，垂心为H.设$180° - ∠A$，$180° - ∠B$，$180° - ∠C$的值分别
    为$α'$，$β'$，$γ'$. 点H_a，H_b，H_c 在△ABC内部，满足

$$∠BH_aC = α', \quad ∠CH_aA = γ', \quad ∠AH_aB = β'$$
$$∠CH_bA = β', \quad ∠AH_bB = α', \quad ∠BH_bC = γ'$$
$$∠AH_cB = γ', \quad ∠BH_cC = β', \quad ∠CH_cA = α'$$

求证：点H，H_a，H_b，H_c四点共圆.

证法1 如图5.60，我们先将注意力放到点H_a上，争取从它上面找到更
多信息. 首先，回顾命题1.35(c)中三角形的基本角可知，由于$∠BH_aC =
180° - ∠A = ∠BHC$，点$B$，$C$，$H_a$，$H$在一个圆上，我们不妨假设在此
圆上它们依此顺序排列. 接下来，我们注意到这样一个事实：可以通过追角
法得到$∠AH_aH$ 的大小，即

$$∠AH_aH = ∠AH_aB - ∠HH_aB = (180° - ∠B) - ∠HCB = 90°$$

$$(∠HCB = 90° - ∠B)$$

到这里，可能有人已经对从H_a上获取的信息感到满意了，然而我们将
会继续深挖.

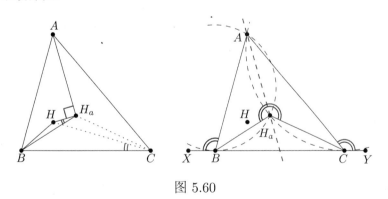

图 5.60

为了便于标记，我们取两点$X, Y ∈ BC$，满足点X，B，C，Y在直
线BC上依次顺序排列，因为有

$$∠AH_aB = ∠ABX, \quad ∠CH_aA = ∠YCA$$

我们推断出直线BC与△AH_aB的外接圆、△AH_aC的外接圆都相切.
于是，这两个圆的根轴 AH_a 与它们的公切线BC相交，设交点为M，则

点M满足

$$MB^2 = MH_a \cdot MA = MC^2$$

于是AH_a为△ABC的一条中线.

最后,因为在△ABC中,中线经过重心G,所以我们可以说$\angle HH_aG = 90°$,于是点H_a在以HG为直径的圆上.

在H_b和H_c上使用相同的方法,由此即可证明结论.

证法2 如证法1所示,我们可以证明点B,C,H_a,H在同一个圆上,并且$\angle HH_aA = 90°$. 接下来我们关于H进行反演变换,并用标准方法进行标注,即$X \to X'$(如图5.61).

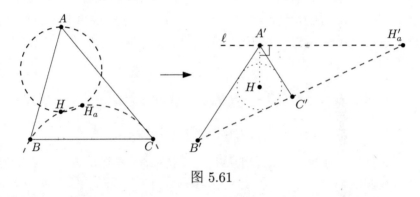

图 5.61

由入门题44可知,H是△$A'B'C'$的内心,并且,圆BHC被映射为直线$B'C'$,因此$H_a' \in B'C'$. 最后,以AH为直径的圆被映射为垂直于AH并经过点A'的直线ℓ. 由此,$H_a' = B'C' \cap \ell$. 而由于ℓ与HA'垂直,并且在△$A'B'C'$中,HA'为角平分线,则ℓ为$\angle B'A'C'$的外角平分线. 类似地,我们可以找到点H_b和H_c. 接下来我们需要证明H_a',H_b',H_c'三点共线,而在入门题27(b)中已经给出了证明方法.

证法3 (由Daniel Lasaosa提供) 这次我们将证明HH_a的中垂线、HH_b的中垂线、HH_c的中垂线交于一点. 在前面的证明中我们已经观察得到点H_a是圆BHC与以AH为直径的圆的第二个交点(另一个交点为H). 于是,HH_a的中垂线经过这两个圆的圆心.

因此,我们分别用O_a,O_b,O_c表示圆BHC,CHA,AHB的圆心,分别用N_a,N_b,N_c表示线段HA,HB,HC的中点. 接下来只需证明O_aN_a,O_bN_b,O_cN_c共点. 回顾命题1.35(d)可知,圆CHA与AHB的半径相等,我们得到$O_cA = O_cH = O_bH = O_bA$,于是,$O_cAO_bH$为菱形,因此$N_a$也是$O_cO_b$的中点. 所以所求的交点就是△$O_aO_bO_c$的重心(如图5.62).

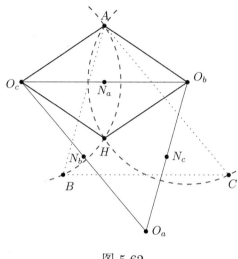

图 5.62

47. [IMO 2005] 在锐角△ABC中，$AB \neq AC$，H为△ABC的垂心，M为BC的中点．设D为边AB上一点，E为边AC上一点，满足$AE = AD$，并且点D，H，E在一条直线上．求证：直线HM垂直于△ABC外接圆和△ADE外接圆的公共弦．

证明　如图5.63，用S表示△ABC外接圆与△ADE外接圆的第二个交点．于是S是四边形$BCED$的密克点（见定理1.49）．接下来我们将利用已知条件$AD = AE$．分别用B_0，C_0表示△ABC中高线的垂足．

由$AD = AE$，我们可以推导出$\angle EDA = \angle AED = 90° - \dfrac{1}{2}\angle A$，因此$\angle C_0HD = \angle EHB_0 = \dfrac{1}{2}\alpha$，于是$DE$为$\angle BHC_0$的角平分线．

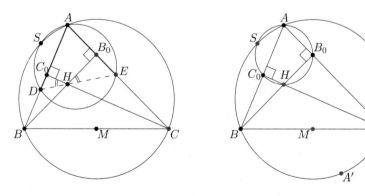

图 5.63

在圆内接四边形BCB_0C_0中，由于△BHC_0与△CHB_0相似，在相似关

系中，D 与 E 为对应点，于是我们得到

$$\frac{BD}{DC_0} = \frac{CE}{EB_0}$$

所以，以 S 为中心的旋转相似变换将点 B 映射到 C、将点 D 映射到 E，也将点 C_0 映射到 B_0，于是点 S 也在 $\triangle AC_0B_0$ 的外接圆上. 我们接下来将在没有点 D 和 E 的图形中继续下面的步骤.

因为 AC_0HB_0 为圆内接四边形，点 A，S，C_0，H 和 B_0 全部都在以 AH 为直径的圆上. 用 A' 表示 $\triangle ABC$ 外接圆上的一点，满足 AA' 为其直径.

因为 $\angle ASH = 90° = \angle ASA'$，所以 S，H，A' 三点共线. 与此同时，由命题 1.36 可知，点 A' 为 H 关于 M 的镜射，所以 H，M，A' 也三点共线. 因此，S，H，M 三点共线，并且 $HM \perp AS$.

48. [罗马尼亚国家队选拔赛1996] 设 $ABCD$ 为一个圆内接四边形，作出 $\triangle ABC$，$\triangle BCD$，$\triangle CDA$ 和 $\triangle DAB$ 的全部旁心. 求证：这十二个点都在一个矩形上.

证明 如图 5.64，回顾入门题 30 可知，$\triangle ABC$，$\triangle BCD$，$\triangle CDA$ 和 $\triangle DAB$ 的内心组成了一个矩形.

在 $\triangle ABC$ 和 $\triangle ABD$ 中，分别用 I_c，I_d 表示它们的内心，用 E_c，E_d 分别表示其中的 C-旁心、D-旁心. 在命题 1.42(b) 中的大图形里我们已经知道，$\overset{\frown}{AB}$（不包含点 C）的中点 M 是重合的圆 AI_cBE_c 与 AI_dBE_d 的圆心.

因为 I_cE_c 与 I_dE_d 都是圆的直径，所以 $E_cE_dI_dI_c$ 为矩形.

分别对 $\overset{\frown}{BC}$（不包含点 D），$\overset{\frown}{CD}$（不包含点 A），$\overset{\frown}{DA}$（不包含点 B）使用相同的方法，可以得到四个内心与八个旁心构成了一个类似十字形的图形. 剩下的就只需证明其余的四个旁心是这个图形外框边线的交点.

设 N 为包含点 B 的 $\overset{\frown}{AC}$ 的中点. 将关注点放在 N 与 $\triangle ACD$ 的相对关系上，我们发现 N 是 IE 的中点，其中，点 I 和 E 分别是 $\triangle ACD$ 的内心和旁心.

与此同时，结合大图形我们还注意到，N 也是 E_aE_c 的中点，其中 E_a 是 $\triangle ABC$ 的 A-旁心.

因此，对角线 E_aE_c 与 IE 在点 N 处彼此互相平分，所以 E_cEE_aI 为平行四边形. 而另一方面，由于 $\angle E_cIE_a = 90°$，所以事实上它是矩形，结论得证.

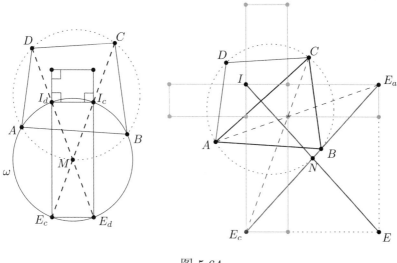

图 5.64

49. [IMO 1998] 在△ABC中，点H为垂心，点O为外心，外径为R. 设点A关于直线BC的镜射为D，点B关于直线CA的镜射为E，点C关于直线AB的镜射为F. 求证：当且仅当OH = 2R时，点D，E，F三点共线.

证明 如图5.65，回顾定理1.37可知，△ABC的九点圆圆心O_9是OH的中点. 因此，当且仅当O_9在△ABC的外接圆上时，$OH = 2R$. 将所求证的结论做了以上的等价变换之后，我们就见到了解决题目的曙光.

"点在圆上"与"三点共线"这两个条件结合在一起使我们想到了西姆森线（见命题1.44）.

如果我们分别用X，Y，Z表示O_9在BC，CA，AB上的投影，那么当且仅当点X，Y，Z在同一条直线上时，点O_9在△ABC的外接圆上.

下面我们将证明点D，E，F分别是X，Y，Z在某个位似变换下所成的像. 因为在位似变换中，当且仅当原始点位于同一直线上时，所得的像点位于同一直线上，所以由此可证明结论.

这个位似变换，以△ABC的重心 G 为中心，位似比为4. 一旦我们猜到这个结论，接下来就有很多方法可以完成其余的部分.

例如，取BC的中点M，并设以A为顶点的高线的垂足为A_0.

因为A_0与M都在△ABC的九点圆上，我们有$O_9A_0 = O_9M$，所以X为A_0M的中点. 在△AA_0M以及点D，X，G上应用梅涅劳斯定理，得到

$$\frac{AD}{DA_0} \cdot \frac{A_0X}{XM} \cdot \frac{MG}{GA} = \frac{2}{1} \cdot \frac{1}{1} \cdot \frac{1}{2} = 1$$

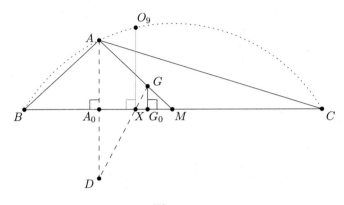

图 5.65

因此，点G，X，D共线.

最后，设点G在BC上的投影为G_0.因为点G在中线的三分之一处，并且$AA_0 = A_0D$，我们得到$\dfrac{GX}{XD} = \dfrac{GG_0}{AA_0} = \dfrac{1}{3}$. 由此结论得证.

50. [IMO 2006] 在$\triangle ABC$的三边BC，CA，AB上分别取点A_1，B_1，C_1. $\triangle AB_1C_1$，$\triangle BC_1A_1$，$\triangle CA_1B_1$的外接圆分别与$\triangle ABC$的外接圆ω 二次相交于点A_2，B_2，C_2. 点A_3，B_3，C_3分别与A_1，B_1，C_1关于边BC，CA，AB的中点对称.求证：$\triangle A_2B_2C_2$与$\triangle A_3B_3C_3$ 相似.

证明 如图5.66，首先，由命题1.47可知，点A_2是以某个比例k、将点C_1 映射到B_1、将点B映射到C的旋转相似变换 $\mathcal{S}(A_2, k, \angle A)$ 的中心.于是，它也将BC_1映射到CB_1.因此，它的相似比$k = \dfrac{CB_1}{BC_1}$.

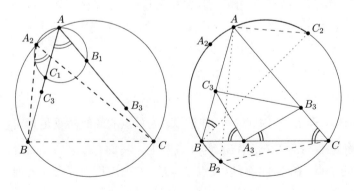

图 5.66

这就给我们提供了使用 B_3 与 C_3 的定义的机会. 因为, $BC_1 = AC_3$, 并且 $CB_1 = AB_3$, 所以 $k = \dfrac{AB_3}{AC_3}$. 现在关键性的一步是判断出 $\triangle AB_3C_3$ 的形状正是由旋转相似变换 $\mathcal{S}$ 定义的. 因此, 由边角边判定我们得到 $\triangle AB_3C_3 \backsim \triangle A_2CB$. 类似地, 可得 $\triangle BC_3A_3 \backsim \triangle B_2AC$, $\triangle CA_3B_3 \backsim \triangle C_2BA$.

现在, 因为我们可以忽略点 A_1, B_1, C_1, 并用 ω 的一些弧表示 $\triangle AB_3C_3$ (及其余两个三角形) 中的角, 接下来要做的部分就很简单了. 事实上, 使用有向角表示, 可得

$$\angle(C_3A_3, A_3B_3) = \angle(C_3A_3, BC) + \angle(BC, A_3B_3)$$
$$= \angle(AC, CB_2) + \angle(C_2B, BA)$$
$$= \angle(AA_2, A_2B_2) + \angle(C_2A_2, A_2A) = \angle(C_2A_2, A_2B_2)$$

用类似的方法即可得到所求证的结论.

51. [IMO 2002] 在锐角 $\triangle ABC$ 中, 内切圆 ω 与边 BC 相切于点 K, AD 为其中一条高线, M 是 AD 的中点. 如果 N 为圆 ω 与直线 KM (除点 K 以外) 的公共点, 求证: 圆 ω 与 $\triangle BCN$ 的外接圆 ω' 相切于点 N.

证法1 如图5.67, 如果 $b = c$, 则本题非常简单, 在此不进行赘述. 这里, 我们可以假设 $b > c$, 并取点 $N' \in \omega$, 使得圆 BCN' 与 ω 相切. 由于对于如何使用 AD 的中点毫无头绪, 所以我们选择使用计算法来证明 $N = N'$. 观察可知, DM 与 DK 的长度可用 x, y, z 表示出来, 因此我们决定来证明

$$\tan\angle NKB = \tan\angle N'KB$$

我们的方案是先用 x, y, z 表示出这两个边, 然后很简单地就可以比较这两个边长. 正如我们提到的, 等式左手边可简单地表示为

$$\tan\angle NKB = \frac{MD}{DK} = \frac{\dfrac{AD}{2}}{BK - BD} = \frac{K}{a(y - c\cos\angle B)}$$
$$= \frac{2K}{2y(y + z) - 2ac\cos\angle B}$$

其中, K 表示 $\triangle ABC$ 的面积. 虽然这里我们还用到了 x, y, z 以外的三角形元素, 但对于本题来讲这个表达式已经足够了.

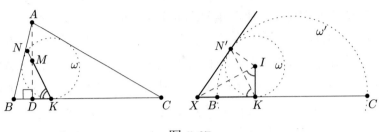

图 5.67

对于等号右边的部分，我们需要做更多的考虑. 值得高兴的是我们可以从图中擦掉点A. 过点N'作圆ω与ω'的公切线，并用X表示它与BC 的交点. 设ω的圆心为I. 因为$XKIN'$为圆内接筝形，我们有$\angle N'KB = \angle XIK$，所以

$$\tan \angle N'KB = \tan \angle XIK = \frac{XK}{KI}$$

此外，由点到圆的幂可得

$$XB \cdot XC = XN'^2 = XK^2$$

于是我们可以得到

$$(XK - y)(XK + z) = XK^2, \quad XK = \frac{yz}{z - y}$$

到这里，因为我们可以通过xyz公式（见命题1.8），用x，y，z表示等式中的全部因数，接下来只需进行常规的代数运算. 我们将通过巧妙地运用面积公式来找到捷径

$$\tan \angle N'KB = \frac{yz}{r(z - y)} = \frac{syz}{K(z - y)} = \frac{2K}{2x(z - y)}.$$

现在只需比较其中的分母. 使用余弦定理后，接来下我们还需证明

$$2x(z - y) = 2y^2 + 2yz + (x + z)^2 - (y + x)^2 - (y + z)^2$$

将等号右边展开后即可证明等式成立.

由此，我们证明了$N = N'$，进而题目得证.

证法2 一个综合性的方法，不仅是本题的可用之选，也体现出数学的灵动之美.再一次，我们将使用$\triangle ABC$的内心I，过点N作圆ω的切线，并设它与BC的交点为X(如图5.68). 由点到圆的幂，我们需要证明$XN^2 = XB \cdot XC$. 我们注意到，点$P = KN \cap IX$ 是KN的中点，并且$XI \perp KN$.

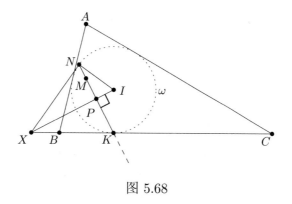

图 5.68

由入门题2 可知,在直角三角形$\triangle INX$ 中,$XN^2 = XP \cdot XI$. 因此,我们
需要证明点P在$\triangle BIC$的外接圆上.

观察直角三角形$\triangle KPI$后,对照命题1.42中的大图形,在圆BIC 上,
点I的对径点是$\triangle ABC$的A-旁心 E. 现在我们就只需证明E在直线KM上
了(如图5.69)! 虽然我们已经大大简化了题目的难度,但还有很多工作摆在
我们面前.

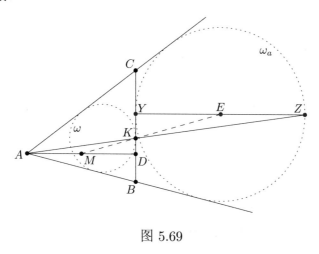

图 5.69

设A-旁切圆 ω_a与BC的切点为Y,YZ为圆ω_a 的直径. 我们将BC竖
直放置,并考虑以A为中心、将ω 映射到ω_a的位似变换. 因为在两个圆上,
点K与Z分别为"最右侧"的点,所以在位似变换中它们是对应点,因此
与点A共线. 这意味着,点K是将$\triangle ADK$映射到$\triangle ZYK$的位似变换的中心,
由此AD的中点被映射到ZY的中点,也就是说点M被映射到点E. 这就证明
了M,K,E三点共线,并且由此结论得证.

52. [沢山引理] △ABC内接于圆ω，在边BC上取一点D．圆ω_1与线段BD相切于点K，与线段AD相切于点L，并与圆ω相切于点T．求证：直线KL经过△ABC 的内心I．

证明 如图5.70,(本题的灵感来源于Jean-Louis Ayme[①]) 不失一般性地，假设$\angle DAC < \frac{1}{2}\angle A$，并且将BC水平放置．

为了利用圆ω与ω_1相切这个条件，用K'表示TK与圆ω的第二个交点．以T为中心，将ω_1映射到ω的位似变换，将点K 映射到K'，因此点K'是圆ω的"底部点"，换句话说是（不包含点A）$\overset{\frown}{BC}$的中点．于是就出现了一个联结内心的连线．我们作∠A的角平分线AK'．

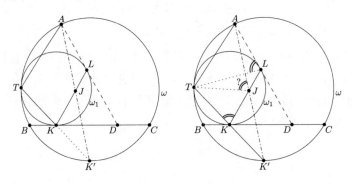

图 5.70

我们不去研究I，而是设AK'与KL的交点为J，然后证明事实上J与I是重合的．

因为点J在∠A的角平分线上，回顾命题1.38可知，我们只需证明它与K'的距离是期望的$K'J^2 = K'B^2$．

由于后者等于$K'K \cdot K'T$ （见命题1.40(b)的打靶引理），由点到圆的幂，我们需要证明△TKJ的外接圆与$K'A$相切，或者换句话说，$\angle JKT = \angle AJT$．

因为在圆ω_1上，∠JKT对应于$\overset{\frown}{LT}$，它等于∠ALT．因此整个问题简化为去证明四边形ATJL为圆内接四边形．而因为我们可以擦掉点B，D，C，这个证明是非常简单明了的．我们提供两个方法．

方法1 如图5.71，设圆ω_1与ω的公切线为ℓ．因为圆ω_1中的圆周角∠TLK 与圆ω中的圆周角$\angle TAK'$都等于切线ℓ形成的弦切角，所以ATJL为圆内接四边形．

---

① Jean-Louis Ayme，当代法国几何学家．

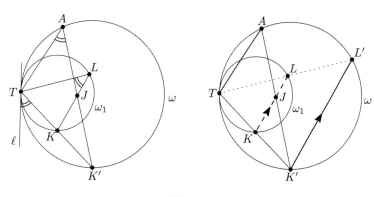

图 5.71

方法2　设TL与圆ω的第二个交点为L'. 以T为中心、将圆ω_1映射到ω的位似变换，将KL映射到$K'L'$. 因此，$KL/\!/K'L'$. 观察直线AJ与TL 的夹角可得，直线$K'L'$与AT逆平行，因此JL也是.

注： 这个题目与入门题38结合在一起，就建立了著名的沢山[①]- 泰博[②]定理（你们能认出这个结构么？），它说明在以下的图形中(如图5.72)，直线KL，MN 和I_1I_2相交于$\triangle ABC$的内心I.

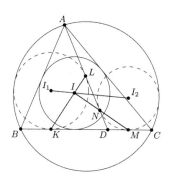

图 5.72

53. [IMO 2008]　在凸四边形$ABCD$中，BA与BC长度不同，ω_1，ω_2分别为$\triangle ABC$，$\triangle ADC$的内切圆. 假设存在一个圆ω分别与射线BA，BC相切于点A，C 之后的点，并且也分别与直线AD，CD相切. 求证：圆ω_1与ω_2的外公切线的交点在圆ω上.

---

① Yusaburo Sawayama (1860—1936)，日本东京中央军事学校辅导员.
② Victor Thíebault (1882—1960)，法国数学家、几何学家.

证明　如图5.73，将AC水平放置，并且点B在它的上方.

首先，回顾入门题51(c)可知，因为四边形$ABCD$有"旁切圆"ω，$\triangle ABC$，$\triangle ADC$ 的内切圆 ω_1，ω_2分别与对角线AC相切，并且切点关于AC的中点对称.

因此，通过命题1.7可知，如果我们分别用P，Q表示这两个切点，则Q为$\triangle ABC$ 的B–旁切圆与AC的切点，P为$\triangle ADC$的D–旁切圆与AC的切点.

于是，由命题1.30可知，直线BQ经过圆ω_1的"顶部点"（用Q'表示），DP 经过圆ω_2 的"底部点"（用P'表示）.

由命题1.29可知，圆ω_1，ω_2的外公切线的交点，恰恰是将ω_1 映射到ω_2的正位似变换$\mathcal{H}$的中心. 我们可以不必考虑这两条直线.

设圆ω的"顶部点"为X，我们将证明X为$\mathcal{H}$ 的中心.

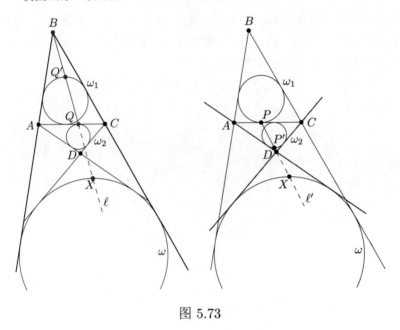

图 5.73

首先，我们关注经过点B，Q'，Q的直线，用ℓ表示.

因为在圆ω_1与ω_2上，点Q'，Q是对应点（即它们的"顶部点"），所以直线ℓ经过$\mathcal{H}$的中心. 然而，因为圆ω_1和ω都内切于$\angle ABC$，并且直线ℓ与ω_1相交于它的"顶部点"Q'，ℓ也与ω相交于它的"顶部点"（即点X）.

类似地，用ℓ'表示经过点D，P'，P的直线.

则在位似变换 $\mathcal{H}$ 之下，在圆 ω_1，ω_2 上，点 P 与 P' 也是对应点（它们都是"底部点"），因此，ℓ' 经过 $\mathcal{H}$ 的中心. 与此同时，以 D 为中心、将圆 ω_2 映射到 ω 的位似变换，将圆 ω_2 的"底部点" P' 映射到 ω 的"顶部点" X. 因此，ℓ' 也经过点 X.

最后，由 $AB \neq BC$ 可以推导出直线 ℓ 不与 ℓ' 重合. 而由于 $\mathcal{H}$ 的中心同时在这两条直线上，它就只可能是点 X.

索　引

◎编辑手记

本书是美国著名奥数教练蒂图系列著作中的一本. 蒂图在中国知名度不高, 只有在《美国奥数生》中有所提及, 但其深厚的数学功力, 独特的数学品味, 似火的培训热情都令笔者十分敬佩. 遂决定购买其所著全部图书的中文版权. (如在中国大陆发现其他版本必是盗版无疑) 好在他自己就是 XYZ 出版社的老板, 决策效率相当之高. 从这个角度看, 独裁也不是一点好处没有.

本书虽然书名叫《107 个几何问题》, 但实际上只有 106 道题, 这些题都是蒂图先生精挑细选的, 谈起平面几何题, 早年间日本是多产国, 许多人都熟悉长泽龟之助的《几何学辞典》, 在中国发行量极大. 后来是苏联, 以波拉索洛夫的《平面几何问题集》为代表, 现今估计应该是中国为最了. 继梁绍鸿之后大量的平面几何著作被出版, 海量的平面几何题目被提出, 但质量特别高的并不多, 所以现在到了重质不重量的时期了.

本书有些问题, 我们是似曾相识的. 比如 78 页的第 6 题, 是一道有关凸四边形分割重组的问题, 这个问题曾被已故数学大师华罗庚先生用在讲解 1978 年全国各省市数学竞赛试题中, 并结合他农家子弟的身份, 利用此题论证了南方地主剥削农户甚于北方地主的惊人结论, 并改将本书中用大写英文字母 A, B, C, D 标注的四块图形用"改造山河"四个中文字代替, 经平移与旋转重组之后便一目了然, 不愧是大师. 笔者好奇的是这个分割、旋转、粘合的技巧四十年前是如何被华先生知晓的呢?

本书的另一个特点是叙述精炼,许多可以放到一起的东西就不分开讲,比如本书的 41、125、158 页中都涉及到了托勒密公式,在国内我们一般是分开讲,我们常用的所谓托勒密定理实际是托勒密不等式在取等号时的一个特殊情形.

举两个国内资料中的例子:一个是为了纪念在全国禁奥数的运动中消亡了的女子奥数.最近有个搞几何分析的老太太乌伦贝克获了数学大奖 —— 阿贝尔奖.不知此事是否对当局有所触动.

试题一　(2016 年第 15 届中国女子数学奥林匹克)设 $\triangle ABC$ 三条边的长度为 $BC = a, AC = b, AB = c, \Gamma$ 是 $\triangle ABC$ 的外接圆.

(1) 若 Γ 的 $\overset{\frown}{BC}$(不含 A) 上有唯一的点 $P(P \neq B, P \neq C)$ 满足 $PA = PB + PC$,求 a, b, c 所应满足的充分必要条件.

(2) 设 P 是(1) 中所述的唯一的.证明:若 AP 平分线段 BC,则 $\angle BAC < 60°$.

解　(1) 若题述条件成立,设 P 是所述的唯一的点,由托勒密定理得

$$a \cdot PA = b \cdot PB + c \cdot PC$$

结合 $PA = PB + PC$,得

$$(b - a)PB + (c - a)PC = 0$$

若 $b = a$,则显然有 $c = a$,此时 $\triangle ABC$ 为等边三角形,由托勒密定理知 Γ 的 $\overset{\frown}{BC}$(不含 A) 上任意一点 Q 均满足 $QA = QB + QC$,这与 P 的唯一性相矛盾,故 $b \neq a$,同理 $c \neq a$,由

$$(b - a)PB + (c - a)PC = 0$$

及 $PB > 0, PC > 0$ 知 $b < a < c$ 或 $c < a < b$.

另一方面,若 $b < a < c$ 或 $c < a < b$,由托勒密定理知对 Γ 的 $\overset{\frown}{BC}$ 上任意一点 $P, PA = PB + PC$ 等价于

$$(b - a)PB + (c - a)PC = 0$$

或 $\dfrac{PB}{PC} = \dfrac{c - a}{a - b}$,这里 $\dfrac{c - a}{a - b} > 0$.

设 AP 交 BC 于 K,则

$$\frac{BK}{CK} = \frac{S_{\triangle ABP}}{S_{\triangle ACP}} = \frac{AB \cdot BP}{AC \cdot CP} = \frac{c}{b} \cdot \frac{PB}{PC}$$

因此 $\dfrac{PB}{PC} = \dfrac{c - a}{a - b}$ 等价于 $\dfrac{BK}{CK} = \dfrac{c(c - a)}{b(a - b)}$.由于 $\dfrac{c(c - a)}{b(a - b)} > 0$,所以点 K 存在且唯一,故点 P 存在且唯一.

综上所述,所求的充分必要条件为 $b < a < c$ 或 $c < a < b$.

（2）由条件知 $BK = CK$，结合上一问的结论知 $c(c-a) = b(a-b)$，即

$$a(b+c) = b^2 + c^2$$

于是

$$\cos \angle BAC = \frac{b^2 + c^2 - a^2}{2bc} = \frac{ab + ac - a^2}{2bc} =$$

$$\frac{1}{2} + \frac{(b-a)(a-c)}{2bc} > \frac{1}{2}$$

因此 $\angle BAC < 60°$，证毕.

另一个是国人无法撼动其地位的 IMO，我们只能努力争冠了.

试题二 （第 57 届 IMO 第 3 题）设 $p = A_1 A_2 \cdots A_k$ 为平面上的一个凸多边形，顶点 $A_1, A_2, \cdots, A_k$ 的横、纵坐标均为整数，且均在一个圆上，凸多边形 p 的面积记为 S，设 n 为正奇数，满足凸多边形 p 的每条边长度的平方为被 n 整除的整数. 证明：$2S$ 为整数，且被 n 整除.

证明 由 pick 定理，知 S 为半整数，因此，$2S$ 为整数.

以下只需对 $n = p^t$ 为奇素数方幂的情况证明：$n \mid 2S$.

对凸多边形 p 的边数 R 进行归纳.

若凸多边形 p 为三角形，设其三边长分别为 a, b, c.

由假设，知 a^2, b^2, c^2 均被 n 整除.

据海伦公式得

$$16S^2 = 2a^2b^2 + 2b^2c^2 + 2c^2a^2 - a^4 - b^4 - c^4 \equiv 0 \pmod{n^2}$$

因此

$$n \mid 2S$$

假设 $k \geqslant 4$，且结论在小于 k 时均成立.

假设凸多边形 p 没有一条对角线长度的平方被 $n = p^t$ 整除.

在所有对角线 $A_i A_j$ 中，选取其中一条使得 $U_p(A_i A_j^2)$ 最小，不妨设

$$U_p(A_1 A_m^2) = \alpha = \min U_p(A_i A_j^2) < t \quad (2 < m < k)$$

设

$$A_1 A_{m-1} = a, A_{m-1} A_m = b, A_m A_{m+1} = c$$

$$A_{m+1} A_1 = d, A_{m-1} A_{m+1} = e, A_1 A_m = f$$

对圆内接四边形 $A_1 A_{m-1} A_m A_{m+1}$ 应用托勒密定理，得

$$ac + bd = ef \Rightarrow a^2c^2 + b^2d^2 + 2abcd = e^2f^2 \tag{1}$$

由 $a^2, b^2, c^2, d^2, e^2, f^2$ 均为正整数，知 $2abcd$ 也为正整数.

分析式（1）两边素因子 p 的次数得

$$U_p(a^2 c^2) = U_p(c^2) + U_p(a^2) \geq t + \alpha$$

$$U_p(b^2 d^2) = U_p(b^2) + U_p(d^2) \geq t + \alpha$$

$$U_p(2abcd) = \frac{1}{2}(U_p(a^2 c^2) + U_p(b^2 d^2)) \geq t + \alpha$$

则

$$U_p(a^2 c^2 + b^2 d^2 + 2abcd) \geq t + \alpha$$

而

$$U_p(e^2 f^2) = U_p(e^2) + U_p(f^2) < t + \alpha$$

矛盾.

从而,凸多边形 p 有一条对角线,其长度的平方为被 n 整除的整数,用这条对角线将凸多边形 p 分成两个凸多边形 p_1,p_2,设面积分别为 S_1,S_2,由归纳假设,知 $2S_1,2S_2$ 均为被 n 整除的整数,因此 $2S = 2S_1 + 2S_2$ 也被 n 整除,结论获证.

第三个例子也是关于托勒密定理的,不过引用的意义在于:(1) 向体制外的自媒体人致敬;(2) 提倡这种将一个问题讲深讲透的研究方式.

叶军数学工作站是一个成功的奥数平台,它与本书的原出版单位 XYZ 出版社相似,老板都是知名的奥数教练,平台又只出版与奥数相关的内容,所以值得推荐.

数形结合解题教学研究心得
—— 从一道天问数学奥数几何考试试题说起①

一、问题提出

天问数学奥数几何班 2017 暑期班结业考试中有这样一道试题:

如图 1 所示,设 R,r 分别为锐角 $\triangle ABC$ 的外接圆半径和内径圆半径,d_1,d_2,d_3 依次为外心 O 到三边 BC,CA,AB 的距离,求证:$d_1 + d_2 + d_3 = R + r$.

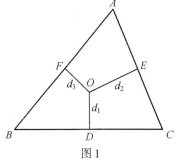

图 1

二、预备知识

为了解决这个问题,需要用到以下结论:

———————————

① 湖南拓维天问数学教育有限公司的杨星.

若 $\triangle ABC$ 中,三个内角的大小分别为 A,B,C,则:

(1)$\sin A + \sin B + \sin C = 4\cos\dfrac{A}{2}\cos\dfrac{B}{2}\cos\dfrac{C}{2}$;

(2)$\cos A + \cos B + \cos C = 1 + 4\sin\dfrac{A}{2}\sin\dfrac{B}{2}\sin\dfrac{C}{2}$.

三、问题解析

如图 2 所示,联结 OB,O 为 $\triangle ABC$ 的外心,则 $\angle BOD = \dfrac{1}{2}\angle BOC = \angle A$,所以在 $\mathrm{Rt}\triangle BDO$ 中

$$d_1 = BO \cdot \cos\angle BOD = R \cdot \cos A$$

同理可得

$$d_2 = R \cdot \cos B, d_3 = R \cdot \cos C$$

另一方面,有三角形面积公式

$$S = \frac{abc}{4R} = pr$$

其中

$$p = \frac{1}{2}(a + b + c)$$

$$r = \frac{2S}{a + b + c} = \frac{2abc}{4R \cdot (a + b + c)}$$

由正弦定理得

$$r = \frac{2R\sin A \cdot 2R\sin B \cdot 2R\sin C}{2R(2R\sin A + 2R\sin B + 2R\sin C)} = 2R\frac{\sin A \cdot \sin B \cdot \sin C}{\sin A + \sin B + \sin C}$$

故原等式等价于

$$R\cos A + R\cos B + R\cos C = R + 2R\frac{\sin A \cdot \sin B \cdot \sin C}{\sin A + \sin B + \sin C} \Leftrightarrow$$

$$\cos A + \cos B + \cos C = 1 + \frac{2\sin A \cdot \sin B \cdot \sin C}{\sin A + \sin B + \sin C} \qquad (*)$$

于是问题转化为证明此三角等式成立.

由预备知识可知式($*$)等价于

$$1 + 4\sin\frac{A}{2}\sin\frac{B}{2}\sin\frac{C}{2} = 1 + \frac{2\sin A\sin B\sin C}{4\cos\dfrac{A}{2}\cos\dfrac{B}{2}\cos\dfrac{C}{2}} \Leftrightarrow$$

$$4\sin\frac{A}{2}\sin\frac{B}{2}\sin\frac{C}{2}4\cos\frac{A}{2}\cos\frac{B}{2}\cos\frac{C}{2}=2\sin A\sin B\sin C\Leftrightarrow$$

$$2\left(2\sin\frac{A}{2}\cos\frac{A}{2}\right)\left(2\sin\frac{B}{2}\cos\frac{B}{2}\right)\left(2\sin\frac{C}{2}\cos\frac{C}{2}\right)=$$

$$2\sin A\sin B\sin C\Leftrightarrow$$

$$2\sin A\sin B\sin C=2\sin A\sin B\sin C$$

上式成立,故原等式成立.

四、研究反思

1. 问题的面积证法

此问题还可以利用托勒密定理和面积方程证明,简证如下:

如图 3 所示,联结 EF,AO,记三边长为 a,b,c. $OF\perp AB$,$OE\perp AC$,则 A,F,O,E 四点共圆.

由托勒密定理可知

$$OE\cdot AF+OF\cdot AE=AO\cdot EF\Leftrightarrow$$

$$d_2\cdot\frac{c}{2}+d_3\cdot\frac{b}{2}=R\cdot\frac{a}{2}\Leftrightarrow$$

$$cd_2+bd_3=aR$$

同理

$$ad_3+cd_1=bR,bd_1+ad_2=cR$$

另一方面

$$S_{\triangle ABC}=S_{\triangle AOB}+S_{\triangle BOC}+S_{\triangle COA}$$

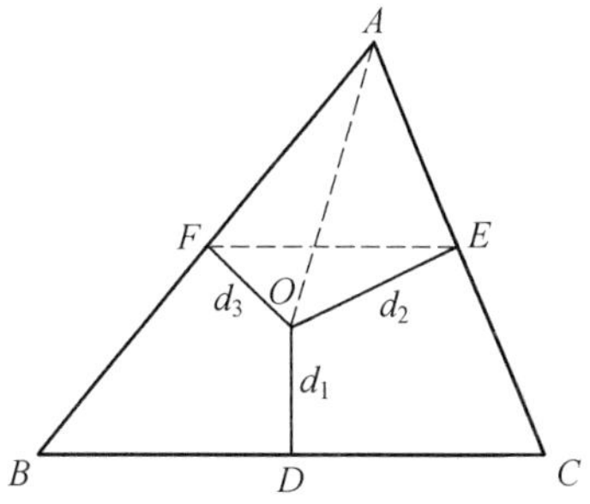

图 3

以及

$$\frac{1}{2}(ad_1+bd_2+cd_3)=\frac{1}{2}(a+b+c)r$$

所以

$$ad_1+bd_2+cd_3=(a+b+c)r$$

相加得

$$(d_1+d_2+d_3)(a+b+c)=(R+r)(a+b+c)$$

所以

$$d_1+d_2+d_3=R+r$$

2. 三角形中的三角形恒等式

在 $\triangle ABC$ 中,由于 $A+B+C=180°$,故有很多在三角形中成立的三角恒等式,除了上问中用到的 2 个外,常见的还有:

(1) $\tan A+\tan B+\tan C=\tan A\tan B\tan C$;

$(2)\cot A\cot B + \cot B\cot C + \cot C\cot A = 1$;

$(3)\tan\dfrac{A}{2}\tan\dfrac{B}{2} + \tan\dfrac{B}{2}\tan\dfrac{C}{2} + \tan\dfrac{C}{2}\tan\dfrac{A}{2} = 1$;

$(4)\sin^2 A + \sin^2 B + \sin^2 C = 2 + 2\cos A\cos B\cos C$;

$(5)\cos^2 A + \cos^2 B + \cos^2 C = 1 - 2\cos A\cos B\cos C$.

3. 用几何方法证三角恒等式

在上文中我们把一个几何问题转化为一个三角中的三角恒等式的证明加以解决. 反过来，一个三角恒等式也可以通过构造几何图形来进行证明，这里以 $\sin A + \sin B + \sin C = 4\cos\dfrac{A}{2}\cos\dfrac{B}{2}\cos\dfrac{C}{2}$ 为例.

如图4所示，设 $\triangle ABC$ 的三边长为 a,b,c，I 为 $\triangle ABC$ 的内心，内切圆半径为 r，记 $p = \dfrac{1}{2}(a + b + c)$，则有

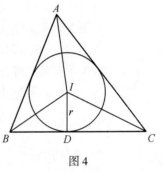

图 4

$$S_{\triangle ABC} = pr$$

Rt$\triangle BDI$ 中，$BD = r\cot\dfrac{B}{2}$，由 $BD = p - b$，所以

$$P - b = r\cot\dfrac{B}{2}$$

$$IB = \dfrac{r}{\sin\dfrac{B}{2}}$$

同理

$$p - a = r\cot\dfrac{A}{2}, p - c = r\cot\dfrac{C}{2}$$

$$IA = \dfrac{r}{\sin\dfrac{A}{2}}, IC = \dfrac{r}{\sin\dfrac{C}{2}}, \angle BIC = 90° + \dfrac{A}{2}$$

由海伦公式，有

$$S^2_{\triangle ABC} = p(p - a)(p - b)(p - c) = pr\cot\dfrac{A}{2}\cot\dfrac{B}{2}\cot\dfrac{C}{2}r^2 =$$

$$S_{\triangle ABC}\cot\dfrac{A}{2}\cot\dfrac{B}{2}\cot\dfrac{C}{2}r^2$$

所以

$$S_{\triangle ABC} = r^2\cot\dfrac{A}{2}\cot\dfrac{B}{2}\cot\dfrac{C}{2}$$

$$r^2 = \frac{S_{\triangle ABC}}{\cot \dfrac{A}{2} \cot \dfrac{B}{2} \cot \dfrac{C}{2}}$$

另一方面

$$S_{\triangle BIC} = \frac{1}{2} IB \cdot IC \cdot \sin \angle BIC = \frac{1}{2} \frac{r}{\sin \dfrac{B}{2}} \frac{r}{\sin \dfrac{C}{2}} \sin\left(90° + \frac{A}{2}\right) =$$

$$\frac{1}{2} \frac{r}{\sin \dfrac{B}{2}} \frac{r}{\sin \dfrac{C}{2}} \cos \frac{A}{2} = \frac{1}{2} r^2 \frac{\cos \dfrac{A}{2} \sin \dfrac{A}{2}}{\sin \dfrac{A}{2} \sin \dfrac{B}{2} \sin \dfrac{C}{2}} =$$

$$\frac{1}{4} r^2 \frac{\sin A}{\sin \dfrac{A}{2} \sin \dfrac{B}{2} \sin \dfrac{C}{2}}$$

将 $r^2 = \dfrac{S_{\triangle ABC}}{\cot \dfrac{A}{2} \cot \dfrac{B}{2} \cot \dfrac{C}{2}}$ 代入得

$$S_{\triangle BIC} = \frac{\sin A}{4 \cos \dfrac{A}{2} \cos \dfrac{B}{2} \cos \dfrac{C}{2}} S_{\triangle ABC}$$

同理

$$S_{\triangle CIA} = \frac{\sin B}{4 \cos \dfrac{A}{2} \cos \dfrac{B}{2} \cos \dfrac{C}{2}} S_{\triangle ABC}$$

$$S_{\triangle AIB} = \frac{\sin C}{4 \cos \dfrac{A}{2} \cos \dfrac{B}{2} \cos \dfrac{C}{2}} S_{\triangle ABC}$$

由 $S_{\triangle AIB} + S_{\triangle BIC} + S_{\triangle CIA} = S_{\triangle ABC}$ 得

$$\sin A + \sin B + \sin C = 4 \cos \frac{A}{2} \cos \frac{B}{2} \cos \frac{C}{2}$$

4. 数形结合思想在教学中的体现

我国著名数学家华罗庚曾说过:"数形结合百般好,隔裂分家万事休". 数与形在一定条件下可以相互转化. 中学数学研究的对象可分为数和形两大部分,"数形结合"作为一种数学思想方法,应深入人心.

数形结合的应用大致又可分为两种情形:

(1) 以数解形

(2) 以形助数

本文从一道考试试题出发，阐述了"以数解形"，利用三角函数和面积解决几何问题，而反思3中又构造了几何图形，"以形助数"，证明了一个三角形中的三角恒等式，通过抽象与具体的结合从而实现解题的目的.

5. 变式与推广

（1）如图5所示，设 R,r 分别为 Rt△ABC（$\angle A = 90°$）的外接圆半径和内切圆半径，d_1, d_2, d_3 依次为外心 O 到三边 BC, CA, AB 的距离，则 $d_1 + d_2 + d_3 = R + r$ 依然成立（此时 $d_1 = 0$）.

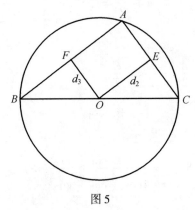

图5

证明 易知

$$R = \frac{a}{2}, r = \frac{b + c - a}{2}, d_1 = 0, d_2 = \frac{b}{2}, d_3 = \frac{c}{2}$$

所以

$$d_1 + d_2 + d_3 = \frac{b}{2} + \frac{c}{2} = \frac{b + c}{2}$$

$$R + r = \frac{a}{2} + \frac{b + c - a}{2} = \frac{b + c}{2}$$

所以

$$d_1 + d_2 + d_3 = R + r$$

（2）如图6所示，设 R, r 分别为钝角 △ABC（$\angle A > 90°$）的外接圆半径和内切圆半径，d_1, d_2, d_3 依次为外心 O 到三边 BC, CA, AB 的距离，则 $-d_1 + d_2 + d_3 = R + r$.

证法一

$$d_1 = R\cos(180° - A) = -R\cos A$$

$$d_2 = R\cos B, d_3 = R\cos C$$

所以

$$-d_1 + d_2 + d_3 = R\cos A + R\cos B + R\cos C$$

同"问题解法",命题得证.

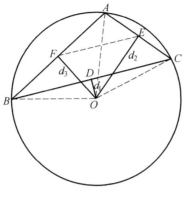

图 6

证法二　易知 A,F,O,E 四点共圆,由托勒密定理得

$$EF \cdot AO = AF \cdot FO + AF \cdot OE \Leftrightarrow \frac{1}{2}aR = \frac{1}{2}bd_3 + \frac{1}{2}cd_2 \Leftrightarrow$$

$$aR = bd_3 + cd_2$$

同理可得

$$ad_3 = bR + cd_1, ad_2 = cR + bd_1$$

由面积等式

$$S_{\triangle ABC} = S_{\triangle AOB} + S_{\triangle COA} - S_{\triangle BOC}$$

$$\frac{1}{2}r(a + b + c) = \frac{1}{2}(-ad_1 + bd_2 + cd_3)$$

整理得

$$\begin{cases} bd_3 + cd_2 = aR \\ ad_3 - cd_1 = bR \\ ad_2 - bd_1 = cR \\ -ad_1 + bd_2 + cd_3 = r(a + b + c) \end{cases}$$

相加得

$$(a + b + c)(-d_1 + d_2 + d_3) = (a + b + c)(R + r)$$

所以

$$-d_1 + d_2 + d_3 = R + r$$

(3) 如图 7 所示,设 R,r 分别为锐角 $\triangle ABC$ 的外接圆半径和内切圆半径,d_1,d_2,d_3 依次为内心 I 到三角形三顶点 A,B,C 的距离,则 $d_1 \cdot d_2 \cdot d_3 = 4Rr^2$.

图 7

证明 在 Rt$\triangle BDI$ 中

$$r = d_2 \sin \frac{B}{2}$$

同理

$$r = d_1 \sin \frac{A}{2} = d_3 \sin \frac{C}{2}$$

所以

$$r^3 = d_1 d_2 d_3 \sin \frac{A}{2} \sin \frac{B}{2} \sin \frac{C}{2}$$

$$d_1 d_2 d_3 = \frac{r^3}{\sin \frac{A}{2} \sin \frac{B}{2} \sin \frac{C}{2}}$$

又

$$r = 2R \frac{\sin A \sin B \sin C}{\sin A + \sin B + \sin C}$$

原等式等价于

$$\frac{r^3}{\sin \frac{A}{2} \sin \frac{B}{2} \sin \frac{C}{2}} = 4Rr^2 \Leftrightarrow r = 4R \sin \frac{A}{2} \sin \frac{B}{2} \sin \frac{C}{2} \Leftrightarrow$$

$$2R \frac{\sin A \sin B \sin C}{\sin A + \sin B + \sin C} =$$

$$4R \sin \frac{A}{2} \sin \frac{B}{2} \sin \frac{C}{2} \Leftrightarrow$$

$$\sin A \sin B \sin C =$$

$$2\sin \frac{A}{2} \sin \frac{B}{2} \sin \frac{C}{2} (\sin A + \sin B + \sin C)$$

由预备知识,有

$$\sin A \sin B \sin C = 2\sin \frac{A}{2} \sin \frac{B}{2} \sin \frac{C}{2} \left(4\cos \frac{A}{2} \cos \frac{B}{2} \cos \frac{C}{2}\right) \Leftrightarrow$$

$$\sin A \sin B \sin C$$

成立,故原等式成立.

（4）设 R,r 分别为双圆四边形（既有外接圆又有内切圆的四边形）$ABCD$ 的外接圆半径和内切圆半径,d_1,d_2,d_3,d_4 依次为外心 O 到四边 AB,BC,CD,DA 的距离,则:

① 当外心在四边形内时(图8) 有

$$d_1 + d_2 + d_3 + d_4 = \sqrt{r^2 + 4R^2} + r$$

② 当外心在四边形外时(图9,以圆心 O 在 AB 下方为例) 有

$$-d_1 + d_2 + d_3 + d_4 = \sqrt{r^2 + 4R^2} + r$$

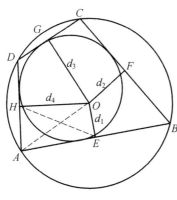

图8

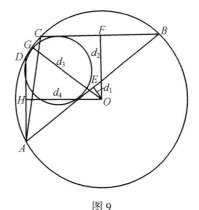

图9

证明　设 $AB = a,BC = b,CD = c,DA = d,AC = m,BD = n,a + c = b + d = p$, 则由正弦定理得

$$m = 2R\sin B,n = 2R\sin A$$

$$S = pr = \sqrt{abcd} = \frac{1}{2}(ad + bc)\sin A = \frac{1}{2}(ab + cd)\sin B$$

① 当外心在四边形内时,A,E,O,H 四点共圆,由托勒密定理

$$AO \cdot HE = HO \cdot AE + EO \cdot AH$$

即

$$\frac{n}{2}R = d_4 \frac{a}{2} + d_1 \frac{d}{2} \Leftrightarrow ad_4 + dd_1 = nR$$

同理

$$bd_1 + ad_2 = mR,cd_2 + bh_3 = nR,dd_3 + cd_4 = mR$$

相加得

$$d_1(b + d) + d_2(a + c) + d_3(b + d) + d_4(a + c) = 2R(m + n) \Leftrightarrow$$
$$p(d_1 + d_2 + d_3 + d_4) = 2R(m + n)$$

② 当外心在四边形外时，同理可得

$$p(-d_1 + d_2 + d_3 + d_4) = 2R(m + n)$$

$$mn = 4R^2 \sin A \sin B = 4R^2 \frac{2S}{ad + bc} \frac{2S}{ab + cd} = \frac{16R^2 S^2}{(ad + bc)(ad + cd)}$$

另一方面

$$
\begin{aligned}
(ad + bc)(ab + cd) &= a^2 bd + c^2 bd + b^2 ac + d^2 ac = \\
&= (a + c)^2 bd + (b + d)^2 ac - 4abcd = \\
&= p^2 bd + p^2 ac - 4p^2 r^2 = \\
&= p^2(bd + ac) - 4p^2 r^2 = \\
&= p^2(mn - 4r^2)
\end{aligned}
$$

所以

$$mn = \frac{16R^2 p^2 r^2}{p^2(mn - 4r^2)} = \frac{16R^2 r^2}{mn - 4r^2} \Leftrightarrow (mn)^2 - 4r^2(mn) - 16R^2 r^2 = 0$$

所以

$$mn = \frac{1}{2}(4r^2 + \sqrt{16r^4 + 64R^2 r^2})\ (\text{舍去负值})$$

$$mn = 2(r + \sqrt{r^4 + 4R^2 r^2})$$

$$2R(m + n) = 4R^2(\sin A + \sin B) = 4R^2\left(\frac{2S}{ad + bc} + \frac{2S}{ab + cd}\right) =$$

$$8R^2 S \frac{(ab + cd) + (ad + bc)}{(ad + bc)(ab + cd)} = \frac{8R^2 S p^2}{p^2(mn - 4r^2)} =$$

$$\frac{8R^2 pr}{2(r^2 + \sqrt{r^4 + 4R^2 r^2}) - 4r^2} = p(r + \sqrt{r^2 + 4R^2})$$

综上所述：

当外心在四边形内时，有

$$d_1 + d_2 + d_3 + d_4 = \sqrt{r^2 + 4R^2} + r$$

当外心在四边形外时，有

$$-d_1 + d_2 + d_3 + d_4 = \sqrt{r^2 + 4R^2} + r$$

(5) 如图 10 所示，设 R, r 分别为双圆四边形 $ABCD$ 的外接圆半径和内切圆半径，d_1, d_2, d_3, d_4 依次为内心 I 到四顶点 A, B, C, D 的距离，则

$$d_1 d_2 d_3 d_4 = 2r^3(\sqrt{4R^2 + r^2} - r)$$

证明 设 R, r 分别为双圆四边形 $ABCD$ 的外接圆半径和内切圆半径，则

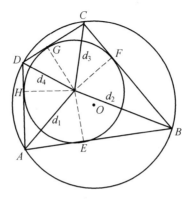

图 10

$$\frac{R}{r} = \frac{\sqrt{1 + \sin A\sin B}}{\sin A\sin B}$$

事实上,由

$$mn = 2(r^2 + \sqrt{r^4 + 4R^2r^2}) = 4R^2\sin A\sin B$$

平方得

$$4R^4\sin^2 A\sin^2 B = r^4 + 2r^2\sqrt{r^4 + 4R^2r^2} + r^4 + 4R^2r^2 \Leftrightarrow$$

$$4R^4\sin^2 A\sin^2 B = r^2[2(r^2 + \sqrt{r^4 + 4R^2r^2})] + 4R^2r^2 \Leftrightarrow$$

$$4R^4\sin^2 A\sin^2 B = r^2(4R^2\sin A\sin B) + 4R^2r^2 \Leftrightarrow$$

$$R^2\sin^2 A\sin^2 B = r^2\sin A\sin B + r^2$$

所以

$$\frac{R}{r} = \frac{\sqrt{1 + \sin A\sin B}}{\sin A\sin B}$$

易知

$$d_1 = \frac{r}{\sin\dfrac{A}{2}}, d_2 = \frac{r}{\sin\dfrac{B}{2}}, d_3 = \frac{r}{\sin\dfrac{C}{2}}, d_4 = \frac{r}{\sin\dfrac{D}{2}}$$

因为

$$A + C = B + D = 180°$$

所以

$$\frac{C}{2} = 90° - \frac{A}{2}, \frac{D}{2} = 90° - \frac{B}{2}$$

$$d_1 \cdot d_2 \cdot d_3 \cdot d_4 = \frac{r}{\sin\dfrac{A}{2}} \cdot \frac{r}{\sin\dfrac{B}{2}} \cdot \frac{r}{\sin\dfrac{C}{2}} \cdot \frac{r}{\sin\dfrac{D}{2}} =$$

$$\frac{r}{\sin\dfrac{A}{2}}\cdot\frac{r}{\sin\dfrac{B}{2}}\cdot\frac{r}{\cos\dfrac{A}{2}}\cdot\frac{r}{\cos\dfrac{B}{2}}=$$

$$\frac{4r^4}{\sin A\sin B}$$

由引理，有

$$\frac{R}{r}=\frac{\sqrt{1+\sin A\sin B}}{\sin A\sin B}\Leftrightarrow R^2\sin^2 A\sin^2 B-r^2\sin A\sin B-r^2=0$$

所以

$$\sin A\sin B=\frac{r^2+r\sqrt{4R^2+r^2}}{2R^2}$$

$$d_1 d_2 d_3 d_4=\frac{4r^4}{\sin A\sin B}=4r^4\frac{2R^2}{r^2+r\sqrt{4R^2+r^2}}=\frac{8R^2 r^3}{\sqrt{4R^2+r^2}+r}=$$

$$2r^3(\sqrt{4R^2+r^2}-r)$$

命题成立.

五、研究展望

关于 n 边形($n\geq 5$)的双圆半径 R 和 r，与内切圆圆心 I 到 n 边形的顶点的距离 t_i，外接圆到 n 边形边的距离 d_i 有何等量关系或不等关系，值得数学工作者继续研究.

参考文献

［1］叶军. 数学奥林匹克教程［M］. 湖南师范大学出版社,2003(6).

［2］叶军. 数学奥林匹克实用教程(第三册)［M］. 湖南师范大学出版社,2003(7):15-30.

本书的另一大优点是有详尽的索引,这是国内图书普遍缺乏的,也是用户至上理念的一个具体体现,我们也常说为读者服务,但到头来总是图自己方便. 这也是中国学术著作走出去的一个障碍,索引不完善,注释不详尽这都是学术出版的大忌.

对于我们坚持引进美国高质量的数学类图书版权(近几年我们计划引进几百部),许多人不理解.

随着中国经济实力的增强和科学研究的发展,"美国科学衰落论"同样在国内流行. 有些人甚至乐观地说,"中国已经超过了美国". 最近有一本书很畅销,书名叫《美国科学在衰退吗？》.

"美国科学没有衰退",美国两院院士、普林斯顿大学终身教授谢宇在接受《财经》记者专访时说,"美国科学的最大财富和最大优势不是钱,也不是人,而是美国文化."

自21世纪以来,关于"美国科学正在走向衰落"的议论就在美国流行.随着中国科技的快速进步,围绕"美国科学衰落"的争论更趋激烈.作为一个致力于实证研究的社会学家,谢宇和他的合作者一起撰写了专著《美国科学在衰退吗?》,对这场争论进行了回应.

谢宇是高考恢复后的第一批大学生,后来留学美国,并曾在美国大学任教.2009年,50岁的谢宇当选为美国国家科学院院士,成为改革开放以来赴美的百万留学生中唯一一位在社会科学领域入选美国国家科学院院士的华人.

著名科学家施一公在为《美国科学在衰退吗?》中文版撰写的序言中说,"我的直觉与谢宇的论证不谋而合","我看到书中大量的科学采集的数据佐证其观点,常常感到既充分翔实又痛快淋漓".

平面几何书,本工作室出版了不少,对平面几何的喜爱始于初中,但和笔者的围棋爱好一样,特别喜爱但水平不高,可能与智商有关.

最在网上读到一首诗.如果将诗中的诗换成平面几何倒也十分贴切,附于后,算作结尾.

诗是副业

不可能以诗为生,
诗不可能成为礼品.
诗是思想的闪光,
诗是内心的叹音.

再抽象一些,
把喋喋不休的叙述简化,
每个意象都有背景和故事,
不要介意模糊表达.
这世界更模糊,
我们没法.

心中的灵光,
偶然的闪电,

也不会经常出现.
不要坐等灵感,
也不要过度攫取感觉,
小心制造垃圾,
一定要自然.

诗是你行进中采撷的美丽花瓣,
可能在春天,也可能在冬天.
你不要见花就采,
满目鲜艳,
却没有感觉.

不可能凭诗吃饭,
如果真能,
他一定是诗仙.
自己的路自己坚持,
走错路小心饿肚子.

刘培杰

2020 年 5 月 25 日
于哈工大

刘培杰数学工作室
已出版(即将出版)图书目录——初等数学

书　名	出版时间	定　价	编号
新编中学数学解题方法全书(高中版)上卷(第2版)	2018—08	58.00	951
新编中学数学解题方法全书(高中版)中卷(第2版)	2018—08	68.00	952
新编中学数学解题方法全书(高中版)下卷(一)(第2版)	2018—08	58.00	953
新编中学数学解题方法全书(高中版)下卷(二)(第2版)	2018—08	58.00	954
新编中学数学解题方法全书(高中版)下卷(三)(第2版)	2018—08	68.00	955
新编中学数学解题方法全书(初中版)上卷	2008—01	28.00	29
新编中学数学解题方法全书(初中版)中卷	2010—07	38.00	75
新编中学数学解题方法全书(高考复习卷)	2010—01	48.00	67
新编中学数学解题方法全书(高考真题卷)	2010—01	38.00	62
新编中学数学解题方法全书(高考精华卷)	2011—03	68.00	118
新编平面解析几何解题方法全书(专题讲座卷)	2010—01	18.00	61
新编中学数学解题方法全书(自主招生卷)	2013—08	88.00	261
数学奥林匹克与数学文化(第一辑)	2006—05	48.00	4
数学奥林匹克与数学文化(第二辑)(竞赛卷)	2008—01	48.00	19
数学奥林匹克与数学文化(第二辑)(文化卷)	2008—07	58.00	36ʹ
数学奥林匹克与数学文化(第三辑)(竞赛卷)	2010—01	48.00	59
数学奥林匹克与数学文化(第四辑)(竞赛卷)	2011—08	58.00	87
数学奥林匹克与数学文化(第五辑)	2015—06	98.00	370
世界著名平面几何经典著作钩沉——几何作图专题卷(共3卷)	2022—01	198.00	1460
世界著名平面几何经典著作钩沉(民国平面几何老课本)	2011—03	38.00	113
世界著名平面几何经典著作钩沉(建国初期平面三角老课本)	2015—08	38.00	507
世界著名解析几何经典著作钩沉——平面解析几何卷	2014—01	38.00	264
世界著名数论经典著作钩沉(算术卷)	2012—01	28.00	125
世界著名数学经典著作钩沉——立体几何卷	2011—02	28.00	88
世界著名三角学经典著作钩沉(平面三角卷Ⅰ)	2010—06	28.00	69
世界著名三角学经典著作钩沉(平面三角卷Ⅱ)	2011—01	38.00	78
世界著名初等数论经典著作钩沉(理论和实用算术卷)	2011—07	38.00	126
世界著名几何经典著作钩沉(解析几何卷)	2022—10	68.00	1564
发展你的空间想象力(第3版)	2021—01	98.00	1464
空间想象力进阶	2019—05	68.00	1062
走向国际数学奥林匹克的平面几何试题诠释.第1卷	2019—07	88.00	1043
走向国际数学奥林匹克的平面几何试题诠释.第2卷	2019—09	78.00	1044
走向国际数学奥林匹克的平面几何试题诠释.第3卷	2019—03	78.00	1045
走向国际数学奥林匹克的平面几何试题诠释.第4卷	2019—09	98.00	1046
平面几何证明方法全书	2007—08	35.00	1
平面几何证明方法全书习题解答(第2版)	2006—12	18.00	10
平面几何天天练上卷·基础篇(直线型)	2013—01	58.00	208
平面几何天天练中卷·基础篇(涉及圆)	2013—01	28.00	234
平面几何天天练下卷·提高篇	2013—01	58.00	237
平面几何专题研究	2013—07	98.00	258
平面几何解题之道.第1卷	2022—05	38.00	1494
几何学习题集	2020—10	48.00	1217
通过解题学习代数几何	2021—04	88.00	1301
圆锥曲线的奥秘	2022—06	88.00	1541

刘培杰数学工作室
已出版(即将出版)图书目录——初等数学

书　名	出版时间	定价	编号
最新世界各国数学奥林匹克中的平面几何试题	2007—09	38.00	14
数学竞赛平面几何典型题及新颖解	2010—07	48.00	74
初等数学复习及研究(平面几何)	2008—09	68.00	38
初等数学复习及研究(立体几何)	2010—06	38.00	71
初等数学复习及研究(平面几何)习题解答	2009—01	58.00	42
几何学教程(平面几何卷)	2011—03	68.00	90
几何学教程(立体几何卷)	2011—07	68.00	130
几何变换与几何证题	2010—06	88.00	70
计算方法与几何证题	2011—06	28.00	129
立体几何技巧与方法(第2版)	2022—10	168.00	1572
几何瑰宝——平面几何500名题暨1500条定理(上、下)	2021—07	168.00	1358
三角形的解法与应用	2012—07	18.00	183
近代的三角形几何学	2012—07	48.00	184
一般折线几何学	2015—08	48.00	503
三角形的五心	2009—06	28.00	51
三角形的六心及其应用	2015—10	68.00	542
三角形趣谈	2012—08	28.00	212
解三角形	2014—01	28.00	265
探秘三角形:一次数学旅行	2021—10	68.00	1387
三角学专门教程	2014—09	28.00	387
图天下几何新题试卷.初中(第2版)	2017—11	58.00	855
圆锥曲线习题集(上册)	2013—06	68.00	255
圆锥曲线习题集(中册)	2015—01	78.00	434
圆锥曲线习题集(下册·第1卷)	2016—10	78.00	683
圆锥曲线习题集(下册·第2卷)	2018—01	98.00	853
圆锥曲线习题集(下册·第3卷)	2019—10	128.00	1113
圆锥曲线的思想方法	2021—08	48.00	1379
圆锥曲线的八个主要问题	2021—10	48.00	1415
论九点圆	2015—05	88.00	645
近代欧氏几何学	2012—03	48.00	162
罗巴切夫斯基几何学及几何基础概要	2012—07	28.00	188
罗巴切夫斯基几何学初步	2015—06	28.00	474
用三角、解析几何、复数、向量计算解数学竞赛几何题	2015—03	48.00	455
用解析法研究圆锥曲线的几何理论	2022—05	48.00	1495
美国中学几何教程	2015—04	88.00	458
三线坐标与三角形特征点	2015—04	98.00	460
坐标几何学基础.第1卷,笛卡儿坐标	2021—08	48.00	1398
坐标几何学基础.第2卷,三线坐标	2021—09	28.00	1399
平面解析几何方法与研究(第1卷)	2015—05	18.00	471
平面解析几何方法与研究(第2卷)	2015—06	18.00	472
平面解析几何方法与研究(第3卷)	2015—07	18.00	473
解析几何研究	2015—01	38.00	425
解析几何学教程.上	2016—01	38.00	574
解析几何学教程.下	2016—01	38.00	575
几何学基础	2016—01	58.00	581
初等几何研究	2015—02	58.00	444
十九和二十世纪欧氏几何学中的片段	2017—01	58.00	696
平面几何中考.高考.奥数一本通	2017—07	28.00	820
几何学简史	2017—08	28.00	833
四面体	2018—01	48.00	880
平面几何证明方法思路	2018—12	68.00	913
折纸中的几何练习	2022—09	48.00	1559
中学新几何学(英文)	2022—10	98.00	1562

刘培杰数学工作室
已出版(即将出版)图书目录——初等数学

书　名	出版时间	定　价	编号
平面几何图形特性新析.上篇	2019—01	68.00	911
平面几何图形特性新析.下篇	2018—06	88.00	912
平面几何范例多解探究.上篇	2018—04	48.00	910
平面几何范例多解探究.下篇	2018—12	68.00	914
从分析解题过程学解题:竞赛中的几何问题研究	2018—07	68.00	946
从分析解题过程学解题:竞赛中的向量几何与不等式研究(全2册)	2019—06	138.00	1090
从分析解题过程学解题:竞赛中的不等式问题	2021—01	48.00	1249
二维、三维欧氏几何的对偶原理	2018—12	38.00	990
星形大观及闭折线论	2019—03	68.00	1020
立体几何的问题和方法	2019—11	58.00	1127
三角代换论	2021—05	58.00	1313
俄罗斯平面几何问题集	2009—08	88.00	55
俄罗斯立体几何问题集	2014—03	58.00	283
俄罗斯几何大师——沙雷金论数学及其他	2014—01	48.00	271
来自俄罗斯的5000道几何习题及解答	2011—03	58.00	89
俄罗斯初等数学问题集	2012—05	38.00	177
俄罗斯函数问题集	2011—03	38.00	103
俄罗斯组合分析问题集	2011—01	48.00	79
俄罗斯初等数学万题选——三角卷	2012—11	38.00	222
俄罗斯初等数学万题选——代数卷	2013—01	68.00	225
俄罗斯初等数学万题选——几何卷	2014—01	68.00	226
俄罗斯《量子》杂志数学征解问题100题选	2018—08	48.00	969
俄罗斯《量子》杂志数学征解问题又100题选	2018—08	48.00	970
俄罗斯《量子》杂志数学征解问题	2020—05	48.00	1138
463个俄罗斯几何老问题	2012—01	28.00	152
《量子》数学短文精粹	2018—09	38.00	972
用三角、解析几何等计算来解来自俄罗斯的几何题	2019—11	88.00	1119
基谢廖夫平面几何	2022—01	48.00	1461
数学:代数、数学分析和几何(10—11年级)	2021—01	48.00	1250
立体几何.10—11年级	2022—01	58.00	1472
直观几何学:5—6年级	2022—04	58.00	1508
平面几何:9—11年级	2022—10	48.00	1571
谈谈素数	2011—03	18.00	91
平方和	2011—03	18.00	92
整数论	2011—05	38.00	120
从整数谈起	2015—10	28.00	538
数与多项式	2016—01	38.00	558
谈谈不定方程	2011—05	28.00	119
质数漫谈	2022—07	68.00	1529
解析不等式新论	2009—06	68.00	48
建立不等式的方法	2011—03	98.00	104
数学奥林匹克不等式研究(第2版)	2020—07	68.00	1181
不等式研究(第二辑)	2012—02	68.00	153
不等式的秘密(第一卷)(第2版)	2014—02	38.00	286
不等式的秘密(第二卷)	2014—01	38.00	268
初等不等式的证明方法	2010—06	38.00	123
初等不等式的证明方法(第二版)	2014—11	38.00	407
不等式·理论·方法(基础卷)	2015—07	38.00	496
不等式·理论·方法(经典不等式卷)	2015—07	38.00	497
不等式·理论·方法(特殊类型不等式卷)	2015—07	48.00	498
不等式探究	2016—03	38.00	582
不等式探秘	2017—01	88.00	689
四面体不等式	2017—01	68.00	715
数学奥林匹克中常见重要不等式	2017—09	38.00	845

刘培杰数学工作室
已出版（即将出版）图书目录——初等数学

书　名	出版时间	定　价	编号
三正弦不等式	2018—09	98.00	974
函数方程与不等式：解法与稳定性结果	2019—04	68.00	1058
数学不等式.第1卷,对称多项式不等式	2022—05	78.00	1455
数学不等式.第2卷,对称有理不等式与对称无理不等式	2022—05	88.00	1456
数学不等式.第3卷,循环不等式与非循环不等式	2022—05	88.00	1457
数学不等式.第4卷,Jensen不等式的扩展与加细	2022—05	88.00	1458
数学不等式.第5卷,创建不等式与解不等式的其他方法	2022—05	88.00	1459
同余理论	2012—05	38.00	163
[x]与{x}	2015—04	48.00	476
极值与最值.上卷	2015—06	28.00	486
极值与最值.中卷	2015—06	38.00	487
极值与最值.下卷	2015—06	28.00	488
整数的性质	2012—11	38.00	192
完全平方数及其应用	2015—08	78.00	506
多项式理论	2015—10	88.00	541
奇数、偶数、奇偶分析法	2018—01	98.00	876
不定方程及其应用.上	2018—12	58.00	992
不定方程及其应用.中	2019—01	78.00	993
不定方程及其应用.下	2019—02	98.00	994
Nesbitt不等式加强式的研究	2022—06	128.00	1527
最值定理与分析不等式	2023—02	78.00	1567
一类积分不等式	2023—02	88.00	1579
历届美国中学生数学竞赛试题及解答(第一卷)1950—1954	2014—07	18.00	277
历届美国中学生数学竞赛试题及解答(第二卷)1955—1959	2014—04	18.00	278
历届美国中学生数学竞赛试题及解答(第三卷)1960—1964	2014—06	18.00	279
历届美国中学生数学竞赛试题及解答(第四卷)1965—1969	2014—04	28.00	280
历届美国中学生数学竞赛试题及解答(第五卷)1970—1972	2014—06	18.00	281
历届美国中学生数学竞赛试题及解答(第六卷)1973—1980	2017—07	18.00	768
历届美国中学生数学竞赛试题及解答(第七卷)1981—1986	2015—01	18.00	424
历届美国中学生数学竞赛试题及解答(第八卷)1987—1990	2017—05	18.00	769
历届中国数学奥林匹克试题集(第3版)	2021—10	58.00	1440
历届加拿大数学奥林匹克试题集	2012—08	38.00	215
历届美国数学奥林匹克试题集:1972~2019	2020—04	88.00	1135
历届波兰数学竞赛试题集.第1卷,1949~1963	2015—03	18.00	453
历届波兰数学竞赛试题集.第2卷,1964~1976	2015—03	18.00	454
历届巴尔干数学奥林匹克试题集	2015—05	38.00	466
保加利亚数学奥林匹克	2014—10	38.00	393
圣彼得堡数学奥林匹克试题集	2015—01	38.00	429
匈牙利奥林匹克数学竞赛题解.第1卷	2016—05	28.00	593
匈牙利奥林匹克数学竞赛题解.第2卷	2016—05	28.00	594
历届美国数学邀请赛试题集(第2版)	2017—10	78.00	851
普林斯顿大学数学竞赛	2016—06	38.00	669
亚太地区数学奥林匹克竞赛题	2015—07	18.00	492
日本历届(初级)广中杯数学竞赛试题及解答.第1卷(2000~2007)	2016—05	28.00	641
日本历届(初级)广中杯数学竞赛试题及解答.第2卷(2008~2015)	2016—05	38.00	642
越南数学奥林匹克题选:1962—2009	2021—07	48.00	1370
360个数学竞赛问题	2016—08	58.00	677
奥数最佳实战题.上卷	2017—06	38.00	760
奥数最佳实战题.下卷	2017—05	58.00	761
哈尔滨市早期中学数学竞赛试题汇编	2016—07	28.00	672
全国高中数学联赛试题及解答:1981—2019(第4版)	2020—07	138.00	1176
2022年全国高中数学联合竞赛模拟题集	2022—06	30.00	1521

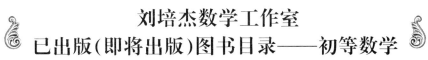

刘培杰数学工作室
已出版(即将出版)图书目录——初等数学

书　　　名	出版时间	定　价	编号
20世纪50年代全国部分城市数学竞赛试题汇编	2017—07	28.00	797
国内外数学竞赛题及精解:2018~2019	2020—08	45.00	1192
国内外数学竞赛题及精解:2019~2020	2021—11	58.00	1439
许康华竞赛优学精选集.第一辑	2018—08	68.00	949
天问叶班数学问题征解100题.Ⅰ,2016—2018	2019—05	88.00	1075
天问叶班数学问题征解100题.Ⅱ,2017—2019	2020—07	98.00	1177
美国初中数学竞赛:AMC8准备(共6卷)	2019—07	138.00	1089
美国高中数学竞赛:AMC10准备(共6卷)	2019—08	158.00	1105
王连笑教你怎样学数学:高考选择题解题策略与客观题实用训练	2014—01	48.00	262
王连笑教你怎样学数学:高考数学高层次讲座	2015—02	48.00	432
高考数学的理论与实践	2009—08	38.00	53
高考数学核心题型解题方法与技巧	2010—01	28.00	86
高考思维新平台	2014—03	38.00	259
高考数学压轴题解题诀窍(上)(第2版)	2018—01	58.00	874
高考数学压轴题解题诀窍(下)(第2版)	2018—01	48.00	875
北京市五区文科数学三年高考模拟题详解:2013~2015	2015—08	48.00	500
北京市五区理科数学三年高考模拟题详解:2013~2015	2015—09	68.00	505
向量法巧解数学高考题	2009—08	28.00	54
高中数学课堂教学的实践与反思	2021—11	48.00	791
数学高考参考	2016—01	78.00	589
新课程标准高考数学解答题各种题型解法指导	2020—08	78.00	1196
全国及各省市高考数学试题审题要津与解法研究	2015—02	48.00	450
高中数学章节起始课的教学研究与案例设计	2019—05	28.00	1064
新课标高考数学——五年试题分章详解(2007~2011)(上、下)	2011—10	78.00	140,141
全国中考数学压轴题审题要津与解法研究	2013—04	78.00	248
新编全国及各省市中考数学压轴题审题要津与解法研究	2014—05	58.00	342
全国及各省市5年中考数学压轴题审题要津与解法研究(2015版)	2015—04	58.00	462
中考数学专题总复习	2007—04	28.00	6
中考数学较难题常考题型解题方法与技巧	2016—09	48.00	681
中考数学难题常考题型解题方法与技巧	2016—09	48.00	682
中考数学中档题常考题型解题方法与技巧	2017—08	68.00	835
中考数学选择填空压轴好题妙解365	2017—05	38.00	759
中考数学:三类重点考题的解法例析与习题	2020—04	48.00	1140
中小学数学的历史文化	2019—11	48.00	1124
初中平面几何百题多思创新解	2020—01	58.00	1125
初中数学中考备考	2020—01	58.00	1126
高考数学之九章演义	2019—08	68.00	1044
高考数学之难题谈笑间	2022—06	68.00	1519
化学可以这样学:高中化学知识方法智慧感悟疑难辨析	2019—07	58.00	1103
如何成为学习高手	2019—09	58.00	1107
高考数学:经典真题分类解析	2020—04	78.00	1134
高考数学解答题破解策略	2020—11	58.00	1221
从分析解题过程学解题:高考压轴题与竞赛题之关系探究	2020—08	88.00	1179
教学新思考:单元整体视角下的初中数学教学设计	2021—03	58.00	1278
思维再拓展:2020年经典几何题的多解探究与思考	即将出版		1279
中考数学小压轴汇编初讲	2017—07	48.00	788
中考数学大压轴专题微言	2017—09	48.00	846
怎么解中考平面几何探索题	2019—06	48.00	1093
北京中考数学压轴题解题方法突破(第8版)	2022—11	78.00	1577
助你高考成功的数学解题智慧:知识是智慧的基础	2016—01	58.00	596
助你高考成功的数学解题智慧:错误是智慧的试金石	2016—04	58.00	643
助你高考成功的数学解题智慧:方法是智慧的推手	2016—04	68.00	657
高考数学奇思妙解	2016—04	38.00	610
高考数学解题策略	2016—05	48.00	670

刘培杰数学工作室
已出版(即将出版)图书目录——初等数学

书　名	出版时间	定　价	编号
数学解题泄天机(第2版)	2017—10	48.00	850
高考物理压轴题全解	2017—04	58.00	746
高中物理经典问题25讲	2017—05	28.00	764
高中物理教学讲义	2018—01	48.00	871
高中物理教学讲义:全模块	2022—03	98.00	1492
高中物理答疑解惑65篇	2021—11	48.00	1462
中学物理基础问题解析	2020—08	48.00	1183
2017年高考理科数学真题研究	2018—01	58.00	867
2017年高考文科数学真题研究	2018—01	48.00	868
初中数学、高中数学脱节知识补缺教材	2017—06	48.00	766
高考数学小题抢分必练	2017—10	48.00	834
高考数学核心素养解读	2017—09	38.00	839
高考数学客观题解题方法和技巧	2017—10	38.00	847
十年高考数学精品试题审题要津与解法研究	2021—10	98.00	1427
中国历届高考数学试题及解答.1949—1979	2018—01	38.00	877
历届中国高考数学试题及解答.第二卷,1980—1989	2018—10	28.00	975
历届中国高考数学试题及解答.第三卷,1990—1999	2018—10	48.00	976
数学文化与高考研究	2018—03	48.00	882
跟我学解高中数学题	2018—07	58.00	926
中学数学研究的方法及案例	2018—05	58.00	869
高考数学抢分技能	2018—07	68.00	934
高一新生常用数学方法和重要数学思想提升教材	2018—06	38.00	921
2018年高考数学真题研究	2019—01	68.00	1000
2019年高考数学真题研究	2020—05	88.00	1137
高考数学全国卷六道解答题常考题型解题诀窍:理科(全2册)	2019—07	78.00	1101
高考数学全国卷16道选择、填空题常考题型解题诀窍.理科	2018—09	88.00	971
高考数学全国卷16道选择、填空题常考题型解题诀窍.文科	2020—01	88.00	1123
高中数学一题多解	2019—06	58.00	1087
历届中国高考数学试题及解答:1917—1999	2021—08	98.00	1371
2000~2003年全国及各省市高考数学试题及解答	2022—05	88.00	1499
2004年全国及各省市高考数学试题及解答	2022—07	78.00	1500
突破高原:高中数学解题思维探究	2021—08	48.00	1375
高考数学中的"取值范围"	2021—10	48.00	1429
新课程标准高中数学各种题型解法大全.必修一分册	2021—06	58.00	1315
新课程标准高中数学各种题型解法大全.必修二分册	2022—01	68.00	1471
高中数学各种题型解法大全.选择性必修一分册	2022—06	68.00	1525
高中数学各种题型解法大全.选择性必修二分册	2023—01	58.00	1600

书　名	出版时间	定　价	编号
新编640个世界著名数学智力趣题	2014—01	88.00	242
500个最新世界著名数学智力趣题	2008—06	48.00	3
400个最新世界著名数学最值问题	2008—09	48.00	36
500个世界著名数学征解问题	2009—06	48.00	52
400个中国最佳初等数学征解老问题	2010—01	48.00	60
500个俄罗斯数学经典老题	2011—01	28.00	81
1000个国外中学物理好题	2012—04	48.00	174
300个日本高考数学题	2012—05	38.00	142
700个早期日本高考数学试题	2017—02	88.00	752
500个前苏联早期高考数学试题及解答	2012—05	28.00	185
546个早期俄罗斯大学生数学竞赛题	2014—03	38.00	285
548个来自美苏的数学好问题	2014—11	28.00	396
20所苏联著名大学早期入学试题	2015—02	18.00	452
161道德国工科大学生必做的微分方程习题	2015—05	28.00	469
500个德国工科大学生必做的高数习题	2015—06	28.00	478
360个数学竞赛问题	2016—08	58.00	677
200个趣味数学故事	2018—02	48.00	857
470个数学奥林匹克中的最值问题	2018—10	88.00	985
德国讲义日本考题.微积分卷	2015—04	48.00	456
德国讲义日本考题.微分方程卷	2015—04	38.00	457
二十世纪中叶中、英、美、日、法、俄高考数学试题精选	2017—06	38.00	783

刘培杰数学工作室
已出版(即将出版)图书目录——初等数学

书 名	出版时间	定价	编号
中国初等数学研究 2009卷(第1辑)	2009—05	20.00	45
中国初等数学研究 2010卷(第2辑)	2010—05	30.00	68
中国初等数学研究 2011卷(第3辑)	2011—07	60.00	127
中国初等数学研究 2012卷(第4辑)	2012—07	48.00	190
中国初等数学研究 2014卷(第5辑)	2014—02	48.00	288
中国初等数学研究 2015卷(第6辑)	2015—06	68.00	493
中国初等数学研究 2016卷(第7辑)	2016—04	68.00	609
中国初等数学研究 2017卷(第8辑)	2017—01	98.00	712
初等数学研究在中国.第1辑	2019—03	158.00	1024
初等数学研究在中国.第2辑	2019—10	158.00	1116
初等数学研究在中国.第3辑	2021—05	158.00	1306
初等数学研究在中国.第4辑	2022—06	158.00	1520
几何变换(Ⅰ)	2014—07	28.00	353
几何变换(Ⅱ)	2015—06	28.00	354
几何变换(Ⅲ)	2015—01	38.00	355
几何变换(Ⅳ)	2015—12	38.00	356
初等数论难题集(第一卷)	2009—05	68.00	44
初等数论难题集(第二卷)(上、下)	2011—02	128.00	82,83
数论概貌	2011—03	18.00	93
代数数论(第二版)	2013—08	58.00	94
代数多项式	2014—06	38.00	289
初等数论的知识与问题	2011—02	28.00	95
超越数论基础	2011—03	28.00	96
数论初等教程	2011—03	28.00	97
数论基础	2011—03	18.00	98
数论基础与维诺格拉多夫	2014—03	18.00	292
解析数论基础	2012—08	28.00	216
解析数论基础(第二版)	2014—01	48.00	287
解析数论问题集(第二版)(原版引进)	2014—05	88.00	343
解析数论问题集(第二版)(中译本)	2016—04	88.00	607
解析数论基础(潘承洞,潘承彪著)	2016—07	98.00	673
解析数论导引	2016—07	58.00	674
数论入门	2011—03	38.00	99
代数数论入门	2015—03	38.00	448
数论开篇	2012—07	28.00	194
解析数论引论	2011—03	48.00	100
Barban Davenport Halberstam 均值和	2009—01	40.00	33
基础数论	2011—03	28.00	101
初等数论100例	2011—05	18.00	122
初等数论经典例题	2012—07	18.00	204
最新世界各国数学奥林匹克中的初等数论试题(上、下)	2012—01	138.00	144,145
初等数论(Ⅰ)	2012—01	18.00	156
初等数论(Ⅱ)	2012—01	18.00	157
初等数论(Ⅲ)	2012—01	28.00	158

刘培杰数学工作室
已出版(即将出版)图书目录——初等数学

书　　名	出版时间	定　价	编号
平面几何与数论中未解决的新老问题	2013－01	68.00	229
代数数论简史	2014－11	28.00	408
代数数论	2015－09	88.00	532
代数、数论及分析习题集	2016－11	98.00	695
数论导引提要及习题解答	2016－01	48.00	559
素数定理的初等证明.第2版	2016－09	48.00	686
数论中的模函数与狄利克雷级数(第二版)	2017－11	78.00	837
数论:数学导引	2018－01	68.00	849
范氏大代数	2019－02	98.00	1016
解析数学讲义.第一卷,导来式及微分、积分、级数	2019－04	88.00	1021
解析数学讲义.第二卷,关于几何的应用	2019－04	68.00	1022
解析数学讲义.第三卷,解析函数论	2019－04	78.00	1023
分析·组合·数论纵横谈	2019－04	58.00	1039
Hall代数:民国时期的中学数学课本.英文	2019－08	88.00	1106
基谢廖夫初等代数	2022－07	38.00	1531
数学精神巡礼	2019－01	58.00	731
数学眼光透视(第2版)	2017－06	78.00	732
数学思想领悟(第2版)	2018－01	68.00	733
数学方法溯源(第2版)	2018－08	68.00	734
数学解题引论	2017－05	58.00	735
数学史话览胜(第2版)	2017－01	48.00	736
数学应用展观(第2版)	2017－08	68.00	737
数学建模尝试	2018－04	48.00	738
数学竞赛采风	2018－01	68.00	739
数学测评探营	2019－05	58.00	740
数学技能操握	2018－03	48.00	741
数学欣赏拾趣	2018－02	48.00	742
从毕达哥拉斯到怀尔斯	2007－10	48.00	9
从迪利克雷到维斯卡尔迪	2008－01	48.00	21
从哥德巴赫到陈景润	2008－05	98.00	35
从庞加莱到佩雷尔曼	2011－08	138.00	136
博弈论精粹	2008－03	58.00	30
博弈论精粹.第二版(精装)	2015－01	88.00	461
数学 我爱你	2008－01	28.00	20
精神的圣徒　别样的人生——60位中国数学家成长的历程	2008－09	48.00	39
数学史概论	2009－06	78.00	50
数学史概论(精装)	2013－03	158.00	272
数学史选讲	2016－01	48.00	544
斐波那契数列	2010－02	28.00	65
数学拼盘和斐波那契魔方	2010－07	38.00	72
斐波那契数列欣赏(第2版)	2018－08	58.00	948
Fibonacci数列中的明珠	2018－06	58.00	928
数学的创造	2011－02	48.00	85
数学美与创造力	2016－01	48.00	595
数海拾贝	2016－01	48.00	590
数学中的美(第2版)	2019－04	68.00	1057
数论中的美学	2014－12	38.00	351

刘培杰数学工作室
已出版(即将出版)图书目录——初等数学

书　　名	出版时间	定　价	编号
数学王者　科学巨人——高斯	2015—01	28.00	428
振兴祖国数学的圆梦之旅:中国初等数学研究史话	2015—06	98.00	490
二十世纪中国数学史料研究	2015—10	48.00	536
数字谜、数阵图与棋盘覆盖	2016—01	58.00	298
时间的形状	2016—01	38.00	556
数学发现的艺术:数学探索中的合情推理	2016—07	58.00	671
活跃在数学中的参数	2016—07	48.00	675
数海趣史	2021—05	98.00	1314
数学解题——靠数学思想给力(上)	2011—07	38.00	131
数学解题——靠数学思想给力(中)	2011—07	48.00	132
数学解题——靠数学思想给力(下)	2011—07	38.00	133
我怎样解题	2013—01	48.00	227
数学解题中的物理方法	2011—06	28.00	114
数学解题的特殊方法	2011—06	48.00	115
中学数学计算技巧(第2版)	2020—10	48.00	1220
中学数学证明方法	2012—01	58.00	117
数学趣题巧解	2012—03	28.00	128
高中数学教学通鉴	2015—05	58.00	479
和高中生漫谈:数学与哲学的故事	2014—08	28.00	369
算术问题集	2017—03	38.00	789
张教授讲数学	2018—07	38.00	933
陈永明实话实说数学教学	2020—04	68.00	1132
中学数学学科知识与教学能力	2020—06	58.00	1155
怎样把课讲好:大罕数学教学随笔	2022—03	58.00	1484
中国高考评价体系下高考数学探秘	2022—03	48.00	1487
自主招生考试中的参数方程问题	2015—01	28.00	435
自主招生考试中的极坐标问题	2015—04	28.00	463
近年全国重点大学自主招生数学试题全解及研究.华约卷	2015—02	38.00	441
近年全国重点大学自主招生数学试题全解及研究.北约卷	2016—05	38.00	619
自主招生数学解证宝典	2015—09	48.00	535
中国科学技术大学创新班数学真题解析	2022—03	48.00	1488
中国科学技术大学创新班物理真题解析	2022—03	58.00	1489
格点和面积	2012—07	18.00	191
射影几何趣谈	2012—04	28.00	175
斯潘纳尔引理——从一道加拿大数学奥林匹克试题谈起	2014—01	28.00	228
李普希兹条件——从几道近年高考数学试题谈起	2012—10	18.00	221
拉格朗日中值定理——从一道北京高考试题的解法谈起	2015—10	18.00	197
闵科夫斯基定理——从一道清华大学自主招生试题谈起	2014—01	28.00	198
哈尔测度——从一道冬令营试题的背景谈起	2012—08	28.00	202
切比雪夫逼近问题——从一道中国台北数学奥林匹克试题谈起	2013—04	38.00	238
伯恩斯坦多项式与贝齐尔曲面——从一道全国高中数学联赛试题谈起	2013—03	38.00	236
卡塔兰猜想——从一道普特南竞赛试题谈起	2013—06	18.00	256
麦卡锡函数和阿克曼函数——从一道前南斯拉夫数学奥林匹克试题谈起	2012—08	18.00	201
贝蒂定理与拉姆贝克莫斯尔定理——从一个拣石子游戏谈起	2012—08	18.00	217
皮亚诺曲线和豪斯道夫分球定理——从无限集谈起	2012—08	18.00	211
平面凸图形与凸多面体	2012—10	28.00	218
斯坦因豪斯问题——从一道二十五省市自治区中学数学竞赛试题谈起	2012—07	18.00	196

刘培杰数学工作室
已出版(即将出版)图书目录——初等数学

书 名	出版时间	定 价	编号
纽结理论中的亚历山大多项式与琼斯多项式——从一道北京市高一数学竞赛试题谈起	2012—07	28.00	195
原则与策略——从波利亚"解题表"谈起	2013—04	38.00	244
转化与化归——从三大尺规作图不能问题谈起	2012—08	28.00	214
代数几何中的贝祖定理(第一版)——从一道IMO试题的解法谈起	2013—08	18.00	193
成功连贯理论与约当块理论——从一道比利时数学竞赛试题谈起	2012—04	18.00	180
素数判定与大数分解	2014—08	18.00	199
置换多项式及其应用	2012—10	18.00	220
椭圆函数与模函数——从一道美国加州大学洛杉矶分校(UCLA)博士资格考题谈起	2012—10	28.00	219
差分方程的拉格朗日方法——从一道2011年全国高考理科试题的解法谈起	2012—08	28.00	200
力学在几何中的一些应用	2013—01	38.00	240
从根式解到伽罗华理论	2020—01	48.00	1121
康托洛维奇不等式——从一道全国高中联赛试题谈起	2013—03	28.00	337
西格尔引理——从一道第18届IMO试题的解法谈起	即将出版		
罗斯定理——从一道前苏联数学竞赛试题谈起	即将出版		
拉克斯定理和阿廷定理——从一道IMO试题的解法谈起	2014—01	58.00	246
毕卡大定理——从一道美国大学数学竞赛试题谈起	2014—07	18.00	350
贝齐尔曲线——从一道全国高中联赛试题谈起	即将出版		
拉格朗日乘子定理——从一道2005年全国高中联赛试题的高等数学解法谈起	2015—05	28.00	480
雅可比定理——从一道日本数学奥林匹克试题谈起	2013—04	48.00	249
李天岩—约克定理——从一道波兰数学竞赛试题谈起	2014—06	28.00	349
整系数多项式因式分解的一般方法——从克朗耐克算法谈起	即将出版		
布劳维不动点定理——从一道前苏联数学奥林匹克试题谈起	2014—01	38.00	273
伯恩赛德定理——从一道英国数学奥林匹克试题谈起	即将出版		
布查特—莫斯特定理——从一道上海市初中竞赛试题谈起	即将出版		
数论中的同余数问题——从一道普特南竞赛试题谈起	即将出版		
范·德蒙行列式——从一道美国数学奥林匹克试题谈起	即将出版		
中国剩余定理:总数法构建中国历史年表	2015—01	28.00	430
牛顿程序与方程求根——从一道全国高考试题解法谈起	即将出版		
库默尔定理——从一道IMO预选试题谈起	即将出版		
卢丁定理——从一道冬令营试题的解法谈起	即将出版		
沃斯滕霍姆定理——从一道IMO预选试题谈起	即将出版		
卡尔松不等式——从一道莫斯科数学奥林匹克试题谈起	即将出版		
信息论中的香农熵——从一道近年高考压轴题谈起	即将出版		
约当不等式——从一道希望杯竞赛试题谈起	即将出版		
拉比诺维奇定理			
刘维尔定理——从一道《美国数学月刊》征解问题的解法谈起	即将出版		
卡塔兰恒等式与级数求和——从一道IMO试题的解法谈起	即将出版		
勒让德猜想与素数分布——从一道爱尔兰竞赛试题谈起	即将出版		
天平称重与信息论——从一道基辅市数学奥林匹克试题谈起	即将出版		
哈密尔顿—凯莱定理:从一道高中数学联赛试题的解法谈起	2014—09	18.00	376
艾思特曼定理——从一道CMO试题的解法谈起	即将出版		

刘培杰数学工作室
已出版（即将出版）图书目录——初等数学

书　　名	出版时间	定　价	编号
阿贝尔恒等式与经典不等式及应用	2018-06	98.00	923
迪利克雷除数问题	2018-07	48.00	930
幻方、幻立方与拉丁方	2019-08	48.00	1092
帕斯卡三角形	2014-03	18.00	294
蒲丰投针问题——从2009年清华大学的一道自主招生试题谈起	2014-01	38.00	295
斯图姆定理——从一道"华约"自主招生试题的解法谈起	2014-01	18.00	296
许瓦兹引理——从一道加利福尼亚大学伯克利分校数学系博士生试题谈起	2014-08	18.00	297
拉姆塞定理——从王诗宬院士的一个问题谈起	2016-04	48.00	299
坐标法	2013-12	28.00	332
数论三角形	2014-04	38.00	341
毕克定理	2014-07	18.00	352
数林掠影	2014-09	48.00	389
我们周围的概率	2014-10	38.00	390
凸函数最值定理：从一道华约自主招生题的解法谈起	2014-10	28.00	391
易学与数学奥林匹克	2014-10	38.00	392
生物数学趣谈	2015-01	18.00	409
反演	2015-01	28.00	420
因式分解与圆锥曲线	2015-01	18.00	426
轨迹	2015-01	28.00	427
面积原理：从常庚哲命的一道CMO试题的积分解法谈起	2015-01	48.00	431
形形色色的不动点定理：从一道28届IMO试题谈起	2015-01	38.00	439
柯西函数方程：从一道上海交大自主招生的试题谈起	2015-02	28.00	440
三角恒等式	2015-02	28.00	442
无理性判定：从一道2014年"北约"自主招生试题谈起	2015-01	38.00	443
数学归纳法	2015-03	18.00	451
极端原理与解题	2015-04	28.00	464
法雷级数	2014-08	18.00	367
摆线族	2015-01	38.00	438
函数方程及其解法	2015-05	38.00	470
含参数的方程和不等式	2012-09	28.00	213
希尔伯特第十问题	2016-01	38.00	543
无穷小量的求和	2016-01	28.00	545
切比雪夫多项式：从一道清华大学金秋营试题谈起	2016-01	38.00	583
泽肯多夫定理	2016-01	38.00	599
代数等式证题法	2016-01	28.00	600
三角等式证题法	2016-01	28.00	601
吴大任教授藏书中的一个因式分解公式：从一道美国数学邀请赛试题的解法谈起	2016-06	28.00	656
易卦——类万物的数学模型	2017-08	68.00	838
"不可思议"的数与数系可持续发展	2018-01	38.00	878
最短线	2018-01	38.00	879
数学在天文、地理、光学、机械力学中的一些应用	2023-03	88.00	1576
从阿基米德三角形谈起	2023-01	28.00	1578
幻方和魔方（第一卷）	2012-05	68.00	173
尘封的经典——初等数学经典文献选读（第一卷）	2012-07	48.00	205
尘封的经典——初等数学经典文献选读（第二卷）	2012-07	38.00	206
初级方程式论	2011-03	28.00	106
初等数学研究（Ⅰ）	2008-09	68.00	37
初等数学研究（Ⅱ）（上、下）	2009-05	118.00	46,47
初等数学专题研究	2022-10	68.00	1568

刘培杰数学工作室
已出版(即将出版)图书目录——初等数学

书　名	出版时间	定　价	编号
趣味初等方程妙题集锦	2014−09	48.00	388
趣味初等数论选美与欣赏	2015−02	48.00	445
耕读笔记(上卷):一位农民数学爱好者的初数探索	2015−04	28.00	459
耕读笔记(中卷):一位农民数学爱好者的初数探索	2015−05	28.00	483
耕读笔记(下卷):一位农民数学爱好者的初数探索	2015−05	28.00	484
几何不等式研究与欣赏.上卷	2016−01	88.00	547
几何不等式研究与欣赏.下卷	2016−01	48.00	552
初等数列研究与欣赏·上	2016−01	48.00	570
初等数列研究与欣赏·下	2016−01	48.00	571
趣味初等函数研究与欣赏.上	2016−09	48.00	684
趣味初等函数研究与欣赏.下	2018−09	48.00	685
三角不等式研究与欣赏	2020−10	68.00	1197
新编平面解析几何解题方法研究与欣赏	2021−10	78.00	1426
火柴游戏(第2版)	2022−05	38.00	1493
智力解谜.第1卷	2017−07	38.00	613
智力解谜.第2卷	2017−07	38.00	614
故事智力	2016−07	48.00	615
名人们喜欢的智力问题	2020−01	48.00	616
数学大师的发现、创造与失误	2018−01	48.00	617
异曲同工	2018−09	48.00	618
数学的味道	2018−01	58.00	798
数学千字文	2018−10	68.00	977
数贝偶拾——高考数学题研究	2014−04	28.00	274
数贝偶拾——初等数学研究	2014−04	38.00	275
数贝偶拾——奥数题研究	2014−04	48.00	276
钱昌本教你快乐学数学(上)	2011−12	48.00	155
钱昌本教你快乐学数学(下)	2012−03	58.00	171
集合、函数与方程	2014−01	28.00	300
数列与不等式	2014−01	38.00	301
三角与平面向量	2014−01	28.00	302
平面解析几何	2014−01	38.00	303
立体几何与组合	2014−01	28.00	304
极限与导数、数学归纳法	2014−01	38.00	305
趣味数学	2014−03	28.00	306
教材教法	2014−04	68.00	307
自主招生	2014−05	58.00	308
高考压轴题(上)	2015−01	48.00	309
高考压轴题(下)	2014−10	68.00	310
从费马到怀尔斯——费马大定理的历史	2013−10	198.00	I
从庞加莱到佩雷尔曼——庞加莱猜想的历史	2013−10	298.00	II
从切比雪夫到爱尔特希(上)——素数定理的初等证明	2013−07	48.00	III
从切比雪夫到爱尔特希(下)——素数定理100年	2012−12	98.00	III
从高斯到盖尔方特——二次域的高斯猜想	2013−10	198.00	IV
从库默尔到朗兰兹——朗兰兹猜想的历史	2014−01	98.00	V
从比勃巴赫到德布朗斯——比勃巴赫猜想的历史	2014−02	298.00	VI
从麦比乌斯到陈省身——麦比乌斯变换与麦比乌斯带	2014−02	298.00	VII
从布尔到豪斯道夫——布尔方程与格论漫谈	2013−10	198.00	VIII
从开普勒到阿诺德——三体问题的历史	2014−05	298.00	IX
从华林到华罗庚——华林问题的历史	2013−10	298.00	X

刘培杰数学工作室
已出版(即将出版)图书目录——初等数学

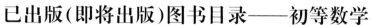

书 名	出版时间	定 价	编号
美国高中数学竞赛五十讲.第1卷(英文)	2014—08	28.00	357
美国高中数学竞赛五十讲.第2卷(英文)	2014—08	28.00	358
美国高中数学竞赛五十讲.第3卷(英文)	2014—09	28.00	359
美国高中数学竞赛五十讲.第4卷(英文)	2014—09	28.00	360
美国高中数学竞赛五十讲.第5卷(英文)	2014—10	28.00	361
美国高中数学竞赛五十讲.第6卷(英文)	2014—11	28.00	362
美国高中数学竞赛五十讲.第7卷(英文)	2014—12	28.00	363
美国高中数学竞赛五十讲.第8卷(英文)	2015—01	28.00	364
美国高中数学竞赛五十讲.第9卷(英文)	2015—01	28.00	365
美国高中数学竞赛五十讲.第10卷(英文)	2015—02	38.00	366
三角函数(第2版)	2017—04	38.00	626
不等式	2014—01	38.00	312
数列	2014—01	38.00	313
方程(第2版)	2017—04	38.00	624
排列和组合	2014—01	28.00	315
极限与导数(第2版)	2016—04	38.00	635
向量(第2版)	2018—08	58.00	627
复数及其应用	2014—08	28.00	318
函数	2014—01	38.00	319
集合	2020—01	48.00	320
直线与平面	2014—01	28.00	321
立体几何(第2版)	2016—04	38.00	629
解三角形	即将出版		323
直线与圆(第2版)	2016—11	38.00	631
圆锥曲线(第2版)	2016—09	48.00	632
解题通法(一)	2014—07	38.00	326
解题通法(二)	2014—07	38.00	327
解题通法(三)	2014—05	38.00	328
概率与统计	2014—01	28.00	329
信息迁移与算法	即将出版		330
IMO 50年.第1卷(1959—1963)	2014—11	28.00	377
IMO 50年.第2卷(1964—1968)	2014—11	28.00	378
IMO 50年.第3卷(1969—1973)	2014—09	28.00	379
IMO 50年.第4卷(1974—1978)	2016—04	38.00	380
IMO 50年.第5卷(1979—1984)	2015—04	38.00	381
IMO 50年.第6卷(1985—1989)	2015—04	58.00	382
IMO 50年.第7卷(1990—1994)	2016—01	48.00	383
IMO 50年.第8卷(1995—1999)	2016—06	38.00	384
IMO 50年.第9卷(2000—2004)	2015—04	58.00	385
IMO 50年.第10卷(2005—2009)	2016—01	48.00	386
IMO 50年.第11卷(2010—2015)	2017—03	48.00	646

刘培杰数学工作室
已出版(即将出版)图书目录——初等数学

书　名	出版时间	定价	编号
数学反思(2006—2007)	2020—09	88.00	915
数学反思(2008—2009)	2019—01	68.00	917
数学反思(2010—2011)	2018—05	58.00	916
数学反思(2012—2013)	2019—01	58.00	918
数学反思(2014—2015)	2019—03	78.00	919
数学反思(2016—2017)	2021—03	58.00	1286
数学反思(2018—2019)	2023—01	88.00	1593
历届美国大学生数学竞赛试题集.第一卷(1938—1949)	2015—01	28.00	397
历届美国大学生数学竞赛试题集.第二卷(1950—1959)	2015—01	28.00	398
历届美国大学生数学竞赛试题集.第三卷(1960—1969)	2015—01	28.00	399
历届美国大学生数学竞赛试题集.第四卷(1970—1979)	2015—01	18.00	400
历届美国大学生数学竞赛试题集.第五卷(1980—1989)	2015—01	28.00	401
历届美国大学生数学竞赛试题集.第六卷(1990—1999)	2015—01	28.00	402
历届美国大学生数学竞赛试题集.第七卷(2000—2009)	2015—08	18.00	403
历届美国大学生数学竞赛试题集.第八卷(2010—2012)	2015—01	18.00	404
新课标高考数学创新解题诀窍:总论	2014—09	28.00	372
新课标高考数学创新题解题诀窍:必修1～5分册	2014—08	38.00	373
新课标高考数学创新题解题诀窍:选修2—1,2—2,1—1,1—2分册	2014—09	38.00	374
新课标高考数学创新题解题诀窍:选修2—3,4—4,4—5分册	2014—09	18.00	375
全国重点大学自主招生英文数学试题全攻略:词汇卷	2015—07	48.00	410
全国重点大学自主招生英文数学试题全攻略:概念卷	2015—01	28.00	411
全国重点大学自主招生英文数学试题全攻略:文章选读卷(上)	2016—09	38.00	412
全国重点大学自主招生英文数学试题全攻略:文章选读卷(下)	2017—01	58.00	413
全国重点大学自主招生英文数学试题全攻略:试题卷	2015—07	38.00	414
全国重点大学自主招生英文数学试题全攻略:名著欣赏卷	2017—03	48.00	415
劳埃德数学趣题大全.题目卷.1:英文	2016—01	18.00	516
劳埃德数学趣题大全.题目卷.2:英文	2016—01	18.00	517
劳埃德数学趣题大全.题目卷.3:英文	2016—01	18.00	518
劳埃德数学趣题大全.题目卷.4:英文	2016—01	18.00	519
劳埃德数学趣题大全.题目卷.5:英文	2016—01	18.00	520
劳埃德数学趣题大全.答案卷:英文	2016—01	18.00	521
李成章教练奥数笔记.第1卷	2016—01	48.00	522
李成章教练奥数笔记.第2卷	2016—01	48.00	523
李成章教练奥数笔记.第3卷	2016—01	38.00	524
李成章教练奥数笔记.第4卷	2016—01	38.00	525
李成章教练奥数笔记.第5卷	2016—01	38.00	526
李成章教练奥数笔记.第6卷	2016—01	38.00	527
李成章教练奥数笔记.第7卷	2016—01	38.00	528
李成章教练奥数笔记.第8卷	2016—01	48.00	529
李成章教练奥数笔记.第9卷	2016—01	28.00	530

刘培杰数学工作室
已出版(即将出版)图书目录——初等数学

书　　名	出版时间	定　价	编号
第19~23届"希望杯"全国数学邀请赛试题审题要津详细评注(初一版)	2014—03	28.00	333
第19~23届"希望杯"全国数学邀请赛试题审题要津详细评注(初二、初三版)	2014—03	38.00	334
第19~23届"希望杯"全国数学邀请赛试题审题要津详细评注(高一版)	2014—03	28.00	335
第19~23届"希望杯"全国数学邀请赛试题审题要津详细评注(高二版)	2014—03	38.00	336
第19~25届"希望杯"全国数学邀请赛试题审题要津详细评注(初一版)	2015—01	38.00	416
第19~25届"希望杯"全国数学邀请赛试题审题要津详细评注(初二、初三版)	2015—01	58.00	417
第19~25届"希望杯"全国数学邀请赛试题审题要津详细评注(高一版)	2015—01	48.00	418
第19~25届"希望杯"全国数学邀请赛试题审题要津详细评注(高二版)	2015—01	48.00	419
物理奥林匹克竞赛大题典——力学卷	2014—11	48.00	405
物理奥林匹克竞赛大题典——热学卷	2014—04	28.00	339
物理奥林匹克竞赛大题典——电磁学卷	2015—07	48.00	406
物理奥林匹克竞赛大题典——光学与近代物理卷	2014—06	28.00	345
历届中国东南地区数学奥林匹克试题集(2004~2012)	2014—06	18.00	346
历届中国西部地区数学奥林匹克试题集(2001~2012)	2014—07	18.00	347
历届中国女子数学奥林匹克试题集(2002~2012)	2014—08	18.00	348
数学奥林匹克在中国	2014—06	98.00	344
数学奥林匹克问题集	2014—01	38.00	267
数学奥林匹克不等式散论	2010—06	38.00	124
数学奥林匹克不等式欣赏	2011—09	38.00	138
数学奥林匹克超级题库(初中卷上)	2010—01	58.00	66
数学奥林匹克不等式证明方法和技巧(上、下)	2011—08	158.00	134,135
他们学什么:原民主德国中学数学课本	2016—09	38.00	658
他们学什么:英国中学数学课本	2016—09	38.00	659
他们学什么:法国中学数学课本.1	2016—09	38.00	660
他们学什么:法国中学数学课本.2	2016—09	28.00	661
他们学什么:法国中学数学课本.3	2016—09	38.00	662
他们学什么:苏联中学数学课本	2016—09	28.00	679
高中数学题典——集合与简易逻辑·函数	2016—07	48.00	647
高中数学题典——导数	2016—07	48.00	648
高中数学题典——三角函数·平面向量	2016—07	48.00	649
高中数学题典——数列	2016—07	58.00	650
高中数学题典——不等式·推理与证明	2016—07	38.00	651
高中数学题典——立体几何	2016—07	48.00	652
高中数学题典——平面解析几何	2016—07	78.00	653
高中数学题典——计数原理·统计·概率·复数	2016—07	48.00	654
高中数学题典——算法·平面几何·初等数论·组合数学·其他	2016—07	68.00	655

刘培杰数学工作室
已出版(即将出版)图书目录——初等数学

书　　名	出版时间	定　价	编号
台湾地区奥林匹克数学竞赛试题.小学一年级	2017－03	38.00	722
台湾地区奥林匹克数学竞赛试题.小学二年级	2017－03	38.00	723
台湾地区奥林匹克数学竞赛试题.小学三年级	2017－03	38.00	724
台湾地区奥林匹克数学竞赛试题.小学四年级	2017－03	38.00	725
台湾地区奥林匹克数学竞赛试题.小学五年级	2017－03	38.00	726
台湾地区奥林匹克数学竞赛试题.小学六年级	2017－03	38.00	727
台湾地区奥林匹克数学竞赛试题.初中一年级	2017－03	38.00	728
台湾地区奥林匹克数学竞赛试题.初中二年级	2017－03	38.00	729
台湾地区奥林匹克数学竞赛试题.初中三年级	2017－03	28.00	730
不等式证题法	2017－04	28.00	747
平面几何培优教程	2019－08	88.00	748
奥数鼎级培优教程.高一分册	2018－09	88.00	749
奥数鼎级培优教程.高二分册.上	2018－04	68.00	750
奥数鼎级培优教程.高二分册.下	2018－04	68.00	751
高中数学竞赛冲刺宝典	2019－04	68.00	883
初中尖子生数学超级题典.实数	2017－07	58.00	792
初中尖子生数学超级题典.式、方程与不等式	2017－08	58.00	793
初中尖子生数学超级题典.圆、面积	2017－08	38.00	794
初中尖子生数学超级题典.函数、逻辑推理	2017－08	48.00	795
初中尖子生数学超级题典.角、线段、三角形与多边形	2017－07	58.00	796
数学王子——高斯	2018－01	48.00	858
坎坷奇星——阿贝尔	2018－01	48.00	859
闪烁奇星——伽罗瓦	2018－01	58.00	860
无穷统帅——康托尔	2018－01	48.00	861
科学公主——柯瓦列夫斯卡娅	2018－01	48.00	862
抽象代数之母——埃米·诺特	2018－01	48.00	863
电脑先驱——图灵	2018－01	58.00	864
昔日神童——维纳	2018－01	48.00	865
数坛怪侠——爱尔特希	2018－01	68.00	866
传奇数学家徐利治	2019－09	88.00	1110
当代世界中的数学.数学思想与数学基础	2019－01	38.00	892
当代世界中的数学.数学问题	2019－01	38.00	893
当代世界中的数学.应用数学与数学应用	2019－01	38.00	894
当代世界中的数学.数学王国的新疆域(一)	2019－01	38.00	895
当代世界中的数学.数学王国的新疆域(二)	2019－01	38.00	896
当代世界中的数学.数林撷英(一)	2019－01	38.00	897
当代世界中的数学.数林撷英(二)	2019－01	48.00	898
当代世界中的数学.数学之路	2019－01	38.00	899

书　名	出版时间	定　价	编号
105 个代数问题：来自 AwesomeMath 夏季课程	2019—02	58.00	956
106 个几何问题：来自 AwesomeMath 夏季课程	2020—07	58.00	957
107 个几何问题：来自 AwesomeMath 全年课程	2020—07	58.00	958
108 个代数问题：来自 AwesomeMath 全年课程	2019—01	68.00	959
109 个不等式：来自 AwesomeMath 夏季课程	2019—04	58.00	960
国际数学奥林匹克中的 110 个几何问题	即将出版		961
111 个代数和数论问题	2019—05	58.00	962
112 个组合问题：来自 AwesomeMath 夏季课程	2019—05	58.00	963
113 个几何不等式：来自 AwesomeMath 夏季课程	2020—08	58.00	964
114 个指数和对数问题：来自 AwesomeMath 夏季课程	2019—09	48.00	965
115 个三角问题：来自 AwesomeMath 夏季课程	2019—09	58.00	966
116 个代数不等式：来自 AwesomeMath 全年课程	2019—04	58.00	967
117 个多项式问题：来自 AwesomeMath 夏季课程	2021—09	58.00	1409
118 个数学竞赛不等式	2022—08	78.00	1526
紫色彗星国际数学竞赛试题	2019—02	58.00	999
数学竞赛中的数学：为数学爱好者、父母、教师和教练准备的丰富资源. 第一部	2020—04	58.00	1141
数学竞赛中的数学：为数学爱好者、父母、教师和教练准备的丰富资源. 第二部	2020—07	48.00	1142
和与积	2020—10	38.00	1219
数论：概念和问题	2020—12	68.00	1257
初等数学问题研究	2021—03	48.00	1270
数学奥林匹克中的欧几里得几何	2021—10	68.00	1413
数学奥林匹克题解新编	2022—01	58.00	1430
图论入门	2022—09	58.00	1554
澳大利亚中学数学竞赛试题及解答(初级卷)1978~1984	2019—02	28.00	1002
澳大利亚中学数学竞赛试题及解答(初级卷)1985~1991	2019—02	28.00	1003
澳大利亚中学数学竞赛试题及解答(初级卷)1992~1998	2019—02	28.00	1004
澳大利亚中学数学竞赛试题及解答(初级卷)1999~2005	2019—02	28.00	1005
澳大利亚中学数学竞赛试题及解答(中级卷)1978~1984	2019—03	28.00	1006
澳大利亚中学数学竞赛试题及解答(中级卷)1985~1991	2019—03	28.00	1007
澳大利亚中学数学竞赛试题及解答(中级卷)1992~1998	2019—03	28.00	1008
澳大利亚中学数学竞赛试题及解答(中级卷)1999~2005	2019—03	28.00	1009
澳大利亚中学数学竞赛试题及解答(高级卷)1978~1984	2019—05	28.00	1010
澳大利亚中学数学竞赛试题及解答(高级卷)1985~1991	2019—05	28.00	1011
澳大利亚中学数学竞赛试题及解答(高级卷)1992~1998	2019—05	28.00	1012
澳大利亚中学数学竞赛试题及解答(高级卷)1999~2005	2019—05	28.00	1013
天才中小学生智力测验题. 第一卷	2019—03	38.00	1026
天才中小学生智力测验题. 第二卷	2019—03	38.00	1027
天才中小学生智力测验题. 第三卷	2019—03	38.00	1028
天才中小学生智力测验题. 第四卷	2019—03	38.00	1029
天才中小学生智力测验题. 第五卷	2019—03	38.00	1030
天才中小学生智力测验题. 第六卷	2019—03	38.00	1031
天才中小学生智力测验题. 第七卷	2019—03	38.00	1032
天才中小学生智力测验题. 第八卷	2019—03	38.00	1033
天才中小学生智力测验题. 第九卷	2019—03	38.00	1034
天才中小学生智力测验题. 第十卷	2019—03	38.00	1035
天才中小学生智力测验题. 第十一卷	2019—03	38.00	1036
天才中小学生智力测验题. 第十二卷	2019—03	38.00	1037
天才中小学生智力测验题. 第十三卷	2019—03	38.00	1038

刘培杰数学工作室
已出版(即将出版)图书目录——初等数学

书　名	出版时间	定　价	编号
重点大学自主招生数学备考全书:函数	2020—05	48.00	1047
重点大学自主招生数学备考全书:导数	2020—08	48.00	1048
重点大学自主招生数学备考全书:数列与不等式	2019—10	78.00	1049
重点大学自主招生数学备考全书:三角函数与平面向量	2020—08	68.00	1050
重点大学自主招生数学备考全书:平面解析几何	2020—07	58.00	1051
重点大学自主招生数学备考全书:立体几何与平面几何	2019—08	48.00	1052
重点大学自主招生数学备考全书:排列组合·概率统计·复数	2019—09	48.00	1053
重点大学自主招生数学备考全书:初等数论与组合数学	2019—08	48.00	1054
重点大学自主招生数学备考全书:重点大学自主招生真题.上	2019—04	68.00	1055
重点大学自主招生数学备考全书:重点大学自主招生真题.下	2019—04	58.00	1056
高中数学竞赛培训教程:平面几何问题的求解方法与策略.上	2018—05	68.00	906
高中数学竞赛培训教程:平面几何问题的求解方法与策略.下	2018—06	78.00	907
高中数学竞赛培训教程:整除与同余以及不定方程	2018—01	88.00	908
高中数学竞赛培训教程:组合计数与组合极值	2018—04	48.00	909
高中数学竞赛培训教程:初等代数	2019—04	78.00	1042
高中数学讲座:数学竞赛基础教程(第一册)	2019—06	48.00	1094
高中数学讲座:数学竞赛基础教程(第二册)	即将出版		1095
高中数学讲座:数学竞赛基础教程(第三册)	即将出版		1096
高中数学讲座:数学竞赛基础教程(第四册)	即将出版		1097
新编中学数学解题方法1000招丛书.实数(初中版)	2022—05	58.00	1291
新编中学数学解题方法1000招丛书.式(初中版)	2022—05	48.00	1292
新编中学数学解题方法1000招丛书.方程与不等式(初中版)	2021—04	58.00	1293
新编中学数学解题方法1000招丛书.函数(初中版)	2022—05	38.00	1294
新编中学数学解题方法1000招丛书.角(初中版)	2022—05	48.00	1295
新编中学数学解题方法1000招丛书.线段(初中版)	2022—05	48.00	1296
新编中学数学解题方法1000招丛书.三角形与多边形(初中版)	2021—04	48.00	1297
新编中学数学解题方法1000招丛书.圆(初中版)	2022—05	48.00	1298
新编中学数学解题方法1000招丛书.面积(初中版)	2021—07	28.00	1299
新编中学数学解题方法1000招丛书.逻辑推理(初中版)	2022—06	48.00	1300
高中数学题典精编.第一辑.函数	2022—01	58.00	1444
高中数学题典精编.第一辑.导数	2022—01	68.00	1445
高中数学题典精编.第一辑.三角函数·平面向量	2022—01	68.00	1446
高中数学题典精编.第一辑.数列	2022—01	58.00	1447
高中数学题典精编.第一辑.不等式·推理与证明	2022—01	58.00	1448
高中数学题典精编.第一辑.立体几何	2022—01	58.00	1449
高中数学题典精编.第一辑.平面解析几何	2022—01	68.00	1450
高中数学题典精编.第一辑.统计·概率·平面几何	2022—01	58.00	1451
高中数学题典精编.第一辑.初等数论·组合数学·数学文化·解题方法	2022—01	58.00	1452
历届全国初中数学竞赛试题分类解析.初等代数	2022—09	98.00	1555
历届全国初中数学竞赛试题分类解析.初等数论	2022—09	48.00	1556
历届全国初中数学竞赛试题分类解析.平面几何	2022—09	38.00	1557
历届全国初中数学竞赛试题分类解析.组合	2022—09	38.00	1558

联系地址:哈尔滨市南岗区复华四道街10号　哈尔滨工业大学出版社刘培杰数学工作室
网　址:http://lpj.hit.edu.cn/
邮　编:150006
联系电话:0451—86281378　　13904613167
E-mail:lpj1378@163.com